土壤污染生态修复实验技术

王友保　主编

科学出版社

北京

内 容 简 介

本书系统介绍了我国目前土壤污染与生态修复研究现状，并从土壤和植物样品的采集和制备、土壤基本理化因子分析、植物对环境污染的耐性与可塑性、植物根系分泌物的研究、植物体内重金属含量及富集测定、土壤动物分析、土壤酶活性与土壤呼吸强度的测定、土壤重金属形态分布和吸附解吸特性检测、土壤微生物分析等方面介绍目前土壤污染与生态修复研究的一些实验技术。

本书可作为土壤学、生态学、生物学、环境学、地学、林学、园艺学等专业教学科研人员的参考用书，也可供其他相关科技工作者参考使用。

图书在版编目（CIP）数据

土壤污染生态修复实验技术/王友保主编. —北京：科学出版社，2018.11

ISBN 978-7-03-059678-9

Ⅰ. ①土… Ⅱ. ①王… Ⅲ. ①土壤污染–修复–实验技术 Ⅳ. ①X53-33

中国版本图书馆 CIP 数据核字（2018）第 263780 号

责任编辑：胡 凯 许 蕾 沈 旭/责任校对：张怡君

责任印制：赵 博/封面设计：许 瑞

科学出版社 出版

北京东黄城根北街 16 号

邮政编码：100717

http://www.sciencep.com

北京凌奇印刷有限责任公司印刷

科学出版社发行 各地新华书店经销

*

2018 年 11 月第 一 版 开本：787×1092 1/16

2025 年 1 月第八次印刷 印张：10 1/2

字数：249 000

定价：59.00 元

（如有印装质量问题，我社负责调换）

前　言

近年来，伴随着城市化进程的加速和工农业的飞速发展，土壤污染问题日益突出，污染土壤的监测和修复得到了人们越来越多的关注。在治理和监测土壤污染这个问题上，除了传统的物理和化学方法之外，人们也在极力寻找新的解决方法和途径，希望使发展与环境保护二者相协调。随着污染生态学和恢复生态学的发展，其基本原理在自然科学多个领域都得到了广泛的应用。由此应用污染生态学和恢复生态学的理论和方法来解决土壤污染问题也越来越被人们重视。

本书力求简明扼要，通俗易懂，系统介绍了我国目前土壤污染与生态修复研究现状，并从土壤和植物样品的采集和制备、土壤基本理化因子分析、土壤重金属形态分布和吸附解吸特性检测、土壤酶活性与土壤呼吸强度、植物对土壤污染的耐性与可塑性、植物根系分泌物采集与鉴定、植物体内重金属含量及富集测定、土壤动物分析、土壤微生物分析等多角度，给出一些土壤污染与生态修复研究的常用实验研究技术。在编写过程中，我们特别突出了实验技术在日常研究中的可行性，以扩大其应用范围。

本书由王友保主持编写，张杰、黄永杰、潘芳慧、于培鑫、孙玉洁、赵旭、陈丽娟、胡丹丹等参加了部分章节的编写工作，最后全书由王友保统稿。本书参考和引用了大量国内外的论文、教材和专著等，主要文献列于文后。

由于我们的水平和能力有限，书中疏漏和不当之处在所难免，敬请广大同行专家和读者批评指正。

王友保

2018 年 4 月

目　录

第1章 土壤污染与生态修复现状

土壤，是生态环境的重要组成部分，是地球的重要资源，是人类生存和发展的基础，与人类活动紧密相关。然而，土壤污染问题日益突出，尤其在人类活动影响强烈区域受污染的土壤对环境和健康已造成不同程度的损害。土壤污染主要是由于人类活动产生的污染物进入土壤并积累到一定程度，引起土壤质量恶化。具体来说，污染物是指与人为活动有关的各种对人体和生物有害的物质，诸如重金属、化学农药、放射性物质、病原菌等。除了直接污染外，自然界一些其他的污染也可能成为土壤污染的来源。在治理和预防土壤污染之前，了解土壤污染物的来源，有助于快速有效地了解土壤污染现状。一般情况下，土壤污染的来源主要分自然来源和人为来源两大类。在自然条件下，有时也会出现土壤污染，例如，强烈的火山喷发造成土壤污染，含有重金属或放射性元素的矿床的风化分解作用也可使附近土壤遭受污染。而人为来源主要包括工业污染源、农业污染源、生物污染源、交通运输污染源、日常生活污染源等。

1.1 土壤污染类型与污染现状

1.1.1 土壤污染的主要来源

1. 工业污染源

现代化发展的进程中，工业生产排放的废水、废气和废渣（工业“三废”）中含有多种污染物，其浓度高、危害性大。一般工业区周围数千米至数十千米范围内的土壤污染是由工业“三废”直接引起的。但工业“三废”还能间接造成数十千米范围以外的土壤污染。如部分工业废渣往往以肥料形式施入农田，工业废水往往以灌溉形式排向农田，这些做法容易引起大面积的农田污染。又如我国现代煤化工行业排放的大量污染物带来的生态环境污染问题日益显著，煤化工过程产生的“三废”中聚集了许多有害的重金属元素，通过不同途径、方式汇集在周边土壤环境中，对生态环境和人体健康产生危害。不仅如此，工业污染物通过长期作用，在土壤中不断积累，使土壤污染更加严重。工业发达国家的研究表明，近100～150年来，土壤（尤其是城市地区土壤）的多环芳烃（PAHs）浓度在不断增加，土壤已经成为PAHs的一个重要的汇；与国外研究比较，我国化工区土壤中PAHs处于中高等污染水平。

2. 农业污染源

农业生产活动引发的土壤污染问题也十分普遍。首先，污水灌溉是造成耕地土壤污染的主要原因之一，这里的灌溉水主要包括生活污水、工业废水或受污染的江河湖水。其次，农药、化肥、农膜等的使用也可能造成土壤污染。如在喷洒农药时，一部分药水直接落入土壤表面，另一部分则通过作物落叶、降雨形式归入土壤，由于其具有较高的稳定性和持久性，降解速度非常缓慢，一般喷洒过农药的土壤都含有较高的残留物。又如，长期使用大量的化肥，会使土壤板结，土壤结构变差；可能引起土壤有机质的下降，土壤肥力反而降低；导致土壤中有益微生物数量的减少；化肥成分中含有的污染成分会对土壤产生相应的污染。据统计，我国农用磷肥施用量逐年增加，近 30 年累计施用量达到 1.63 亿吨，通过施用磷肥带入到耕地土壤中的镉总量估计高达数百吨。在农业生产过程中，各种农用塑料薄膜被广泛用于大棚、地膜覆盖，由于管理不善不能将之完全回收，大量残膜碎片散落田间，造成农田“白色污染”。这种固体污染物不易被土壤微生物分解。此外，污水处理厂排放的污泥被施用于农田，也可能引起农田污染。据统计显示，截至 2010 年底，全国污水处理能力达到 1.25 亿立方米/日，年产生含水率 80%的污泥约 3000 万吨，而农田施用污水处理厂的污泥量约占总量的 45%，污泥中含有重金属、多氯联苯、二噁英等多种污染物。

3. *生物污染源*

生活污水和人畜粪便中含有许多植物需要的养分，用生活污水灌田或使用粪肥一般会使农作物增产。但这些废水、废物等进入农田，沉积于土壤中，势必造成土壤污染。生活污水、被污染的河水和人畜粪便中大多含有致病的各种病原菌和寄生虫等，用这种未经处理的肥源施于土壤，会使土壤发生严重的生物污染。这类病原菌、寄生虫的生物种群，从外界环境侵入土壤后会大量繁衍，土壤原来的生态平衡被破坏，对人体和生态系统产生不良的影响。

4. *其他污染源*

除了上述污染源的影响外，土壤污染还包括其他来源，诸如交通污染源、生活垃圾污染源等。交通污染与生活垃圾污染均是城市土壤重金属污染的主要来源之一。张磊等(2004)在《中国城市土壤重金属污染研究现状及对策》一文中就明确提到汽车尾气排放、生活垃圾渗出，是中国城市土壤重金属污染的主要来源。近些年来，我国机动车辆的数量猛增，城市交通尾气排放已经成为最大且严重的污染源，危害人类健康，影响人类生活。汽车尾气中不仅含铅及其化合物等有毒物质，还含有 SO_2 等酸性物质，超过一定浓度范围时就会导致“酸雨”的形成，造成土壤酸化和土壤铅污染的累积，影响农作物和森林的生长。居民排出的废物——生活垃圾的数量也在不断增加。目前城市生活垃圾的收集、转运及处置过程还不够完善，其综合利用方式还没有引起人们的足够重视，一部分农田依然受到生活垃圾的污染。

1.1.2 土壤污染的类型及特点

众所周知，土壤污染是全球三大环境要素（大气、水体、土壤）的污染问题之一。土壤是生物和人类赖以生存和生活的重要环境。随着我国工业化的发展、城市化进程的深入，土壤环境污染问题不断加剧。土壤环境质量变化是比较大的，土壤环境污染物种类和数量也不断增加，发生污染的地域和规模在逐渐扩大，危害也进一步加深。

1. 土壤污染的类型

土壤污染是指人类活动所产生的污染物通过各种途径进入土壤，其数量和速度超过了土壤的容纳和净化能力，继而使土壤的性质、组成及性状等发生变化，使污染物的积累过程逐渐占据优势，严重破坏了土壤的自然生态平衡，并导致土壤的自然功能失调、土壤质量恶化的现象。土壤生产力下降成为土壤污染的明显标志。土壤污染物主要是那些能够进入土壤并影响土壤的理化性质和组成物而导致土壤的自然功能失调、土壤质量恶化的物质。其种类繁多，既有化学污染物，也有物理污染物、生物污染物和放射污染物等，其中以土壤的化学污染物最为普遍、严重和复杂。按污染物的性质一般可以将土壤污染分为四类：重金属污染、有机物污染、放射性元素污染和病原微生物污染。

1）重金属污染

土壤中的微量重金属主要来源于原生岩石，但人为活动促进了这些微量重金属向土壤中的迁移（废水、废气、废渣），当土壤中的重金属积累到一定数值，超过土壤自净能力，将导致土壤出现重金属污染。

事实上，重金属污染并不是近代才发生的，早在数千年前，原始而高污染的冶炼铜技术已导致古罗马和古代中国的许多铜冶炼基地出现较为严重的大气和土壤的铜污染。近年来，随着工业、城市污染的加剧和农用化学物质种类、数量的增加，土壤重金属污染日益严重，污染程度在加剧，面积也在逐年扩大，使得重金属污染成为影响生态系统的重要污染类型，重金属污染和中毒事件进一步蔓延。

土壤中重金属污染物的滞留时间长、移动性差，难被微生物降解，且易被生物富集，并可经水、植物等介质最终影响人类健康。所以，土壤一旦被重金属污染，其自然净化过程和人工治理都非常困难。重金属进入土壤的一条途径是随大气沉降落入土壤，主要有汞、铜、锌、铬、镍、钴等，另一条重要途径是使用含有重金属的废水灌溉农田。2000 年，我国对 30 万 hm^2 基本农田保护区土壤有害重金属抽样监测发现，其中 3.6 万 hm^2 土壤重金属超标，超标率达 12.1%。据调查，中国约有 10%的耕地受重金属污染，其中镉、砷污染的比例最大（虽然砷不是金属，但因其化学性质和环境行为与重金属相似，通常也归并于重金属的研究范畴），占受污染耕地的 40%。据农业部进行的全国污灌区调查，在约 140 万 hm^2 的污灌区中，遭受重金属污染的土地面积占污灌区面积的 64.8%，其中轻度污染的占 46.7%，中度污染的占 9.7%，严重污染的占 8.4%。我国大多数城市近郊土壤都已受到不同程度的污染，农田中镉、铬、砷、铅、锌等重金属含量严重超标。特别是在一些大中城市近郊，部分农田土壤镉和汞污染严重，其含量达到背景值的 5 倍甚至 60 倍。如我国辽宁省葫芦岛锌厂附近土壤镉含量最高达 33.07mg/kg；而在我国湖南宝山矿区，有些表层土壤镉的含量甚至达到了 2587mg/kg。

2）有机物污染

土壤有机物污染已成为国际关注的一个焦点。有机物对土壤环境的危害作用较大，尤其是那些难降解的有机化合物。有机物成分进入土壤的形式主要有农药施用、污水灌溉、污泥和废弃物的土地处置和利用，以及污染物泄漏等。化学农药在土壤有机污染物中占据了很大比重。目前大量使用的化学农药有 50～60 种，其中主要包括有机磷农药、有机氯农药、氨基甲酸酶类、苯氧羧酸类、苯酚、胺类。此外，石油、多环芳烃、多氯联苯、甲烷、有害微生物等，也是土壤中常见的有机污染物。这些有毒、有害的有机化合物就好像是“化学定时炸弹”，不断积累，在一定条件下或积累到一定时间后就可能给整个生态系统带来灾难性的后果。农药在土壤中受物理、化学和微生物的作用，按照其被分解的难易程度可分为两类：易分解类，如有机磷制剂；难分解类，如有机氯、有机汞制剂等。中国农药生产量居世界第二位，但产品结构不合理，质量较低，产品中杀虫剂占 70%，杀虫剂中有机磷农药占 70%，有机磷农药中高毒品种占 70%，致使大量农药残留，带来严重的土壤污染。近 30 年来，我国粮食增产了 87.4%，而农药产量翻了近百倍。农药的施用量达到了 2.67kg/(年·人)，这其中仅有 0.1%左右可以作用于目标病虫。从 20 世纪 90 年代以来，国内相继开展了一些关于土壤中 PAHs 来源和分布的研究，结果表明天津表土中 PAHs 为 839ng/g，沈阳污灌土中 PAHs 总量为 8.6～3881ng/g，珠江三角洲区域农业土壤中 PAHs 总量为 42～3077ng/g。

3）放射性元素污染

随着核技术在工业、农业、医疗、地质、科研等各领域的广泛应用，越来越多的放射性污染物进入土壤，污染土壤环境。一般放射性元素主要来自大气层核试验的沉降物，以及原子能和平利用过程中所排放的各种废气、废水和废渣，这些含有放射性元素的物质不可避免地随自然沉降、雨水冲刷和废弃物堆放过程影响土壤。土壤一旦被放射性物质污染就很难自动消除，只能通过自然衰变为稳定的元素来消除元素的放射性。放射性污染物质进入土壤后，在土壤中积累，可以通过食物链方式进入人体，从而损伤人体组织细胞，引起肿瘤、白血病和遗传障碍等多种疾病。研究结果已经表明，氡的辐射危害占人体所受的全部辐射危害的 55%以上，诱发肺癌的潜伏期大多都在 15 年以上，我国每年因氡致癌约 5 万例。

4）病原微生物污染

生物污染物一般是指那些带有一定危害性质的病菌的垃圾与卫生单位排放的污水、废物等，该类污染物中常常含有病原微生物，导致土壤质量恶化。土壤中的病原微生物主要包括病原菌和病毒等，主要来源于人畜的粪便及用于灌溉的污水（未经处理的生活污水，特别是医院污水等）。病原微生物一旦从外界进入土壤就会大量繁殖从而引起土壤质量下降，使生态平衡遭到破坏，生物出现病变或死亡。人类若直接接触含有病原微生物的土壤，可能会对健康带来影响，若食用被污染的蔬菜、水果等，则间接受到污染。

5）其他污染类型

根据污染物进入土壤的方式，土壤污染大致可分为三种：水体污染型、大气污染型、固体废弃物污染型。①水污染造成的土壤污染主要是由污水灌溉造成的污染。由于长期的污水灌溉，尤其是污水只通过简单处理、处理不达标的情况下，对绿地、林带等进行直接灌溉，而导致土壤以及作物系统被污染，其分布特点是：沿河流或干支渠呈枝形片状分布。由于污染物大多以污水灌溉形式从地表进入土壤，所以污染物一般集中在土壤表层。但是随着污灌时间的延续，某些污染物可自上而下向土壤深处迁移，直至到达地下水层。②大气污染造成的土壤污染主要是由工业或民用燃烧排放的废气、磷肥厂的含氟废气、汽车尾气等，这些含重金属的粉尘以气溶胶的形式排向大气，经自然沉降和降水进入土壤，导致土壤污染。其污染特点是以大气污染源为中心呈环状或带状分布，长轴沿主风向伸长。污染物质主要集中在土壤表层，耕作土壤则集中于耕层，主要污染物是大气中的二氧化硫、氮氧化物和颗粒物等。污染的面积、程度和扩散的距离取决于污染物质的种类、性质、排放量、排放形式及风力大小等。③固体废弃物包括工业废渣、污泥和城市垃圾等多种来源。在土壤表面堆放或处理、处置固体废弃物，不仅需要占用大量耕地，而且可通过大气扩散或降水淋滤，使周围地区的土壤受到污染。各类金属矿场开采的尾矿废弃物、重金属冶炼厂的矿渣更易使周围的土壤受到污染。其污染特征属点源污染，主要造成土壤环境的重金属污染，以及油类、病原菌和某些有毒有害有机物的污染。

土壤污染的发生往往是多源性质的。上述土壤污染类型是相互联系的，它们在一定条件下可以相互转化。对于一个地区或区域的土壤来说，可能是以某一污染类型或某几种污染类型为主。

2. 土壤污染的特点

1）隐蔽性和滞后性

大气、水或固体废弃物等污染一般都比较直观，通过感官就能直接被人们察觉。土壤污染不同于这些污染，一般需要通过对土壤样品进行专门的分析化验和农作物的残留检测，甚至通过研究对人畜健康状况的影响才能确定是否被污染，也即土壤污染具有典型的隐蔽性。同时，土壤污染从产生污染到出现问题通常会滞后很长的时间，即滞后性。因此土壤污染问题一般都不太容易受到重视。20 世纪 70 年代，欧美一些国家因为工业化的发展、人类对土地资源的过度开发、土壤污染的隐蔽性和滞后性等一系列原因，相继爆发了拉夫运河事件、荷兰鹿特丹附近的 Lekherkerk 事件和密苏里时代海滩事件等，从此土壤污染逐渐引起了社会的关注。

2）积累性和地域性

污染物质在土壤中并非像在大气和水体中那样容易迁移、扩散和稀释，而是表现出一定的积累性，所以在检测土壤污染时常常报道出污染物严重超标的结果。土壤污染会因污染物和污染环境的不同表现出不同的状态，使土壤污染具有很强的地域性。相关的案例分析显示，德国在工业化过程中形成的受污染的土地形式多种多样，截至 2000 年，德国登记注册的污染场地超过了 3.6×10^5 个，因土壤污染的积累性和地域性导致污染种类复杂，污染程度严重。

3）不可逆转性

对于重金属和某些有机物来说，由于它们的特性原因，对土壤的污染基本上是一个不可逆转的过程，即这些污染一旦形成，在很长的时间段内，都不会随着时间的流逝而降解或消失，需要漫长的时间作用和不断的人工治理才能使其被降解。例如，对马来西亚大约 230 个垃圾填埋场的跟踪研究显示，每个垃圾填埋场的占地约 15～20hm^2，且这些填埋场都已被废弃了，但随着时间的延长，这些填埋场的垃圾不仅没有被消除，反而侵蚀地下水，引发了新的水污染问题。

4）难治理性

土壤污染具有隐蔽性、滞后性、积累性、不可逆转性，进而使得其表现出难治理性的特点。切断污染源之后，通过稀释和自净化作用来消除土壤污染往往很难使土壤恢复，其他治理技术也可能见效较慢。因此，治理污染土壤通常需要消耗大量的人力和物力，所花费的成本较高，治理周期较长，治理难度大。如 1975 年的京都铬渣污染事件引起了日本对城市土地污染的重视，由于之后也发现了很多重金属污染事件，日本开始通过各种手段来治理这类受污染的土地，但直至今日，日本受污染的地区也没有完全治理干净。

1.1.3 土壤污染的危害

1. 直接经济损失

中国土壤污染的总体形势相当严峻。据估算，全国每年因重金属污染的粮食达 1200 万吨，造成的直接经济损失超过 200 亿元。不仅如此，因土壤污染每年造成的粮食减产也相当严重。有人计算过，全国每年由于耕地污染而造成的粮食减产达到 1.25×10^9kg，同时，污染粮食达 2.5×10^9kg 以上，按粮食的市场价格 1.23 元/kg 计算，每年因土壤污染导致粮食减产的损失为 15.4 亿元。土壤污染已对中国的生态环境、农业可持续发展和居民健康构成重大威胁。要将土壤恢复到受污染前的状态，必然要进行土壤修复，所需的资金非常惊人。通过保守测算，即每公顷的修复资金最低需要 9 万元，那么总资金需求为 1400 多亿元。根据《全国土壤环境保护“十二五”规划》，“十二五”期间用于全国污染土壤修复的中央财政资金为 300 亿元，与 1400 多亿元相差甚远。不仅如此，经济欠发达的农村地区土地污染也相当严重。如高奇等（2014）通过污染损失模型估算认为，复垦村庄重金属的污染，对于复垦后耕地每年造成的损失为 4.37 万元。

2. 食品安全问题

土壤重金属不能为土壤微生物所分解，却易于积累、转化为毒性更大的甲基化合物，被植物吸收，对食品安全构成严重威胁。中国工程院院士罗锡文表示，因土壤污染导致的食品安全问题日益严峻，全国 3 亿亩耕地正在受到重金属的威胁，约占全国农田总数的 1/6，而广东省未受重金属污染的耕地仅有 11%左右。有资料报道，华南地区有的城市 50%的农地遭受镉、砷、铜、锌等多种重金属污染；长江三角洲一些地区有万亩连片农田受镉、铅、砷、铜、锌等多种重金属污染，致使 10%的土壤基本丧失生产力，也曾发生千亩稻田被铜金属污染的中毒事件。2008 年，福建沿海地区 10 条主要河流布点采集的 185 件水稻样品，结果有 16.8%的样品铅超标，11.4%的样品镉超标，这些超标的样品主要集中分布在漳州、福州、福清等工业发达的城市周边地区。

土壤污染造成国内外的食物品质下降。在日本，很多城市郊区的蔬菜良田被工业废气、废水、废渣所污染，耕作层内的镉、铜等重金属大量积累，致使蔬菜产品内的重金属含量严重超标，消费者因重金属污染导致的慢性中毒现象时有发生；在澳大利亚，耕地土壤镉含量为 0.11～6.37mg/kg，约 10%的蔬菜超过澳大利亚食品标准（≤0.05mg/kg 鲜重）；在瑞士，农田污灌造成土壤镉、铜、锌的累积，甜菜、莴苣、马铃薯和花生受到重金属污染。而在我国，镉污染耕地约 1.33 万 hm^2，涉及 11 个省 25 个地区，被汞污染的耕地有 3.2 万 hm^2，涉及 15 个省 21 个地区。沈阳张士灌区是污染面积最大、污染最严重的镉污染区之一，面积约 2500 多 hm^2，监测结果表明灌区糙米含镉量最高达 2.6mg/kg，超出标准的 13 倍；近年来，重庆地区的土壤、植物含汞量明显增长，蔬菜样品中汞超标率达 28%；云南昆明的安宁、西山、官渡，楚雄的禄丰，怒江的兰坪，稻米中不同程度地出现了汞超标（其最高含量超过标准 8.2 倍）、铅超标（其最高含量超过标准 2.5 倍）和镉超标（其最高含量超过标准 1.6 倍）现象。此外，分析结果显示云南通海、呈贡、建水、官渡、元谋、东川等地蔬菜品种，包括花菜、白菜、黄瓜、芹菜、茄子、番茄、青辣椒、洋葱、莲花白等，汞超标（最高含量超标 3.9 倍）、镉超标（最高含量超标 1.5 倍）现象也时有发生。畜禽类产品中也出现重金属含量严重超标情况，其中猪肉中铅含量超标（最高含量超标 2.1 倍）、鸡肉中铅含量超标（最高含量超标 0.4 倍）和砷含量超标（最高含量超标 0.4 倍）现象并不鲜见，甚至鸡蛋都有类似的重金属超标现象。

土壤重金属污染影响食品安全的主要途径包括：①土壤中的污染物（如重金属）通过地下水途径间接影响食物。尽管土壤能够强烈地吸附重金属，但土壤中的重金属仍然有部分通过渗滤和淋溶作用进入地表水或地下水中，食用这类受污染的水制成的食物或直接饮用这类受污染的水，人体健康会受到威胁。②土壤中的重金属通过粮食和蔬菜吸收并积累。植物在受重金属污染土壤上的生长，虽然能够通过根系分泌物等保护机制来排斥重金属，但这种保护作用往往是有限度的，特别是当重金属能在作物或品种体内富集，并在农作物的可食部分积累，就能够直接进入食品，使食品中的重金属含量超标。③食草动物摄食了富集在植物体内的重金属。虽然某些植物并不是人类食物的直接来源，但却是某些动物如牛、羊、猪等的饲料来源，通过生物放大作用，重金属在动物体内富集，使食品受重金属污染。

3. 人体健康问题

对人体健康产生严重威胁的土壤污染物主要包括有毒化学物，如镉、铅等重金属和农药等有机化合物，以及病原体（包括病毒、细菌、寄生虫等）等。目前，重金属污染是对人类健康威胁最大的十大污染之一。世界范围内由土壤重金属污染引起的疾病相当普遍，在我国一些地区已经出现严重的由于重金属污染而引起的公害病的威胁。一般土壤中的病原体可以通过直接接触传播疾病，但土壤污染物对人体健康的影响主要是间接的，即农作物从土壤中吸收、积累污染物造成食品不安全，影响人体健康；或者土壤中的污染物通过雨水的冲刷、携带和下渗污染地下水和地面水，再危害人体健康。土壤污染对人体健康的影响具体包括以下几个方面：

（1）土壤重金属污染已成为严重威胁人体健康的主要因素之一。重金属进入人体后，不易排泄，逐渐蓄积，当超过人体的生理负荷时，就会引起生理功能改变，导致急慢性疾病或产生远期危害。其危害主要有慢性中毒、致癌、致畸、变态反应以及对免疫功能产生影响。例如，在日本，曾因食用受重金属汞污染的鱼而出现了震惊世界的水俣病，因食用受重金属镉污染的大米出现“痛痛病”；在瑞典，曾发现在排放镉、铅、砷的冶炼厂工作的女工，其自然流产率和胎儿畸形率均明显升高；在我国，松花江流域地区也因鱼体重金属汞含量偏高，导致当地居民体内含汞量升高，出现了幼儿痴呆。据估计，每年污水排放的重金属镉约770吨，从而引起农田污染，大米中含镉量大大地超出卫生标准，有的污染区居民每日摄入重金属镉的量比非污染区高30多倍，给人们的健康带来极大威胁。国家环境保护部2009年的数据显示，重金属污染事件已致4035人血铅超标、182人镉超标。此外，因土壤重金属污染导致的慢性镉、砷、铅、汞中毒在我国各地区蔓延扩展。例如，在贵州赫章、江西赣州、广西桂林、湖南衡东、广东马坝和辽宁沈阳的张士地区，农作物镉含量已经严重超标，有10%的居民出现腰背、四肢、骨关节疼痛等症状和镉生化指标异常；广东连南、云南个旧和湖南石门等老矿区，有10%～30%的居民出现皮肤色素沉着、角化过度、手足发绀、腹泻等慢性砷中毒症状；广东省韶关市曲江区、湖北省枝江市和云南省红河州有色金属工业园等工矿地区农作物、蔬菜铅含量超标，对当地儿童的身高、体重、智商、卟啉代谢和免疫功能等产生负面影响；贵州的万山等地区的粮食、蔬菜和水中的汞含量严重超标，约50%以上居民出现感觉障碍、运动失调、视野狭窄等中毒体征。

（2）土壤有机物污染对人类健康的影响，尤其是农药残留物对人体的危害十分严重。农作物会从土壤中吸收农药残留物，在体内积累，并以食物链方式危害人体。长期食用受污染的粮食、果蔬，残留农药在人体内蓄积到一定程度后，会直接危及人体的神经系统和肝肾等重要器官，导致一些疾病，如癌症、动脉硬化、心血管病、胎儿畸形、死胎、早夭、早衰等，严重时甚至引起急性中毒而死亡。尽管有机氯农药已禁用了近20年，土壤中的残留量也已大大降低，但检出率仍很高。在我国长江中下游地区曾用五氯酚钠防治血吸虫病，但其中的杂质二噁英已造成区域性污染，如洞庭湖、鄱阳湖底泥中的二噁英含量相当高。由于长江三角洲工业生产规模和乡镇城市化的快速发展，该地区还检测出16种多环芳烃类物质和100多种多氯联苯及10余种毒性较强的持久性有机污染物。这些有机污染物质具有很强的致癌、致畸、致突变性（“三致”作用），对人类健康构成威胁甚至是伤害。

（3）土壤放射性污染与生物性传染病对人类的威胁。放射性污染物质能够在土壤中不断地积累，通过植物吸收和富集，以食物链的方式进入人体，可造成头昏、疲乏无力、脱发、白细胞量变，甚至导致癌变的发生，后果不堪设想。另外，受生活污水、某些工业废水及人畜粪便污染的土壤会引发生物性传染病。这些污染物中含有大量的虫卵、细菌、病毒，在土壤中能存活很长时间。人类被这些生物污染物感染，可能会引发某些疾病。

4. 其他环境问题

土壤受到污染后可能会引发大气污染、地表水污染、地下水污染和生态系统退化等其他环境问题。从生态系统方法论来看，生物、土壤与环境是一个密切联系的整体。在土壤生态系统中，土壤生物间、土壤生物与土壤非生命环境间的相互作用的差异性，都会影响土壤生物群落结构的差异性及其变异性。譬如森林土壤生物群落与草原土壤生物群落或沙漠生物群落在结构上就具有完全不同的面貌。土壤生态系统中，物质能量主要是沿着土壤—绿色植物—草食动物—食肉动物—人类这样的食物链逐级传递的，最后再经分解回流到土壤环境中去。在这个系统中，土壤是基础，是根本，是一切陆生生物，包括人类赖以生存发展的物质基础。当土壤受到污染，与之相关的土壤生物群落自然也会受到污染的影响。土壤污染也会破坏其他环境元素，导致生态系统退化。

1.2　土壤污染修复及其发展

1.2.1　土壤污染的修复技术

污染土壤修复是指利用物理、化学或生物的方法，转移、吸收、降解和转化土壤中的污染物，使其浓度降低到可接受的水平，或将有毒有害污染物转化为无害物质的过程。

根据污染土壤的治理途径不同，可以将土壤污染的修复分为去污染化和稳定化。去污染化是将污染物从土壤之中清除；稳定化是指通过改变污染物在土壤中的存在形态等途径使其固定，将污染物的活性降低，减少其在土壤中的迁移性和生物可利用性。

根据污染土壤修复的场地和修复方式不同，可以将土壤污染的修复分为原位修复和异位修复。原位土壤修复指不移动受污染的土壤，直接在发生污染的场地对其进行就地修复或处理的土壤修复技术，具有投资低、对周围环境影响小的特点，不需要建设昂贵的地面环境工程基础设施和远程运输，操作维护起来比较简单。土壤原位修复需要因地制宜，实施过程中，要充分结合工期、污染情况、地质条件、地面设施等。异位土壤修复是指将受污染的土壤从发生污染的位置挖出，在原场址范围内或经过运输后再进行治理的技术。异位修复适用于处理污染浓度较高、风险较大且污染土壤量不是很大的场地，可以选择直接有效的技术方法集中处理污染土壤，处理效率高，易于监控，监测成本相对较低，系统处理的预测性高于原位修复。但开展异位修复，需要将污染土壤运输至处理场地，增加了运输成本，同时，挖掘、运输和转移过程中污染物也存在扩散的风险，因此必须严格控制污染物的扩散，防止次生危害的发生。近年来，原位修复展现出越来越旺盛的生命力。在美国超级基金支持的修复计划中，原位修复技术所占比例呈明显上升的趋势，其平均百分比从 20 世纪 80 年代后期的不到 30%，上升到 90 年代后期的 50%以上。这一方面和原位修复对场地生态环境的扰动和破坏较小有关，也和在面对较大面积污染土壤的修复时，采用异位修复需要挖掘大量土壤并进行处理，工程造价太高有关。

根据污染土壤修复原理的不同，可以将土壤污染的修复分为物理修复、化学修复和生物修复等类型。

1. 物理修复

物理修复技术是指通过各种物理过程将污染物固定或从土壤中去除、分离的技术，使土壤恢复可利用价值的方法。物理修复是最常用的土壤修复方法，广泛应用于各种污染土壤。当土壤污染时，物理修复方法常常是首先考虑的方法。在修复过程中，一般依据土壤质地、通透性和污染物类型等的不同，以及土壤修复后的可利用性，选择不同的物理修复技术。常用的物理修复包括直接换土法、热化学修复、微波加热等，主要方法如下：

（1）直接换土法。这是一种原理相对简单的土壤修复处理方法，就是用未受到污染的土壤替换已经受到污染的土壤。这种方法的优点是高效、直接、效果显著。但是因换土工程量大、造价高，一般只能适用于修复后利用价值很高的土壤，比如景区花园、科研场所土壤等。其主要的工艺包括直接全部换土、地下土置换表层土、部分换土法、覆盖新土降低土壤污染物浓度法等。采用直接换土法修复污染的土壤之前，可事先通过实地考察，根据实际情况单一选择一种换土法或综合使用多种换土法，可以实现快速有效的土壤修复效果。

（2）加热修复。这种方法是通过直接加热、水蒸气加热、红外线加热、微波辐射加热等方式，将土壤加热到一定的温度，土壤中可挥发性的污染物会快速地气化，再收集这些可挥发性污染物，达到降低土壤中污染物浓度的目的。由于加热修复所需的能耗高，要求土壤的渗透性高，所以只能适用于可挥发性的土壤污染物。该热处理技术一般用于诸如医院、池塘、花园、科研单位等地方的土壤，多适用于受有机物污染的土壤修复，已在苯系物、多环芳烃、多氯联苯和二噁英等污染土壤的修复中得到应用，起到快速修复土壤的作用。

（3）玻璃化法。玻璃化法是通过施加高温或者高压的方法将土壤中的污染物变成玻璃态，然后再利用物理方法进行分离的方法。由于土壤中的污染物形成玻璃状物质，能够将重金属固定，便于去除土壤中的重金属物质，因此，使用玻璃化法修复污染土壤尤其适用于受到重金属污染的土壤。玻璃化法具有效率高、见效快、修复范围广等优点，但是玻璃化法需要在高温高压下完成，需要消耗大量能源，成本较高，并不适合大规模修复土壤，且修复后的土壤也不太适合农用。

（4）电极驱动修复法。该方法适用于湿度较高的土壤，尤其是淤泥，利用两极通电技术，可以把土壤中的污染物集中在一极，增高单极的污染物浓度，尤其是重金属，再通过以上 3 种方法继续修复。通过电极驱动修复方法，能缩小土壤修复范围，降低工程量。但是，这种方法只适用于湿度比较高的土壤，需要消耗大量的电能，投资的成本高，操作时还具有一定的危险性。

（5）热脱附技术。该技术是指通过直接或间接的热交换，加热土壤中有机污染组分到足够高的温度，使其蒸发并与土壤介质相分离的过程。热脱附技术的优点包括污染物处理范围广、设备可移动、修复后土壤可再利用等，尤其对含氯有机污染物如多氯联苯（PCBs）等，通过非氧化燃烧的处理方式能够明显地降低二噁英的生成。目前，欧美国家已将土壤热脱附技术工程化，广泛应用于高浓度污染场地的有机物污染土壤的异位或原位修复。但是，热脱附技术还存在一些弊端，如相关设备价格昂贵、脱附时间较长、处理成本过高等，这些问题还尚未得到很好解决，从而限制了热脱附技术在持久性有机物污染土壤修复中的应用。

（6）土壤蒸汽浸提技术。土壤蒸汽浸提技术是一种能有效去除土壤中挥发性有机污染物（VOCs）的修复技术。该技术是将新鲜空气通过注射井等方式，注入污染区域，利用真空泵产生负压，空气流在经过污染区域时，解吸并夹带土壤孔隙中的 VOCs，经由抽取井流回地上；抽取出的气体在地上通过活性炭吸附或生物法等尾气处理装备净化处理后，排放到大气中或重新注入地下再次循环使用。在美国，蒸汽浸提技术已经成为修复受加油站污染的地下水和土壤的“标准”技术。该方法的优点有可操作性强、投资成本较低、采用标准设备、处理有机物的范围宽、不破坏土壤结构和不引起二次污染等，应用该方法可使苯系物等轻组分石油烃类污染物的去除率达到90%。

（7）超声/微波加热技术。超声/微波加热技术是利用超声空化现象所产生的机械效应、热效应和化学效应对污染物进行物理解吸、絮凝沉淀和化学氧化作用，从而使污染物从土壤颗粒上解吸，并在液相中被氧化降解成在环境中易降解的小分子化合物。超声波不仅能对土壤有机污染物进行物理解吸，还能通过氧化作用将有机污染物彻底清除，利用该技术净化石油污染土壤，可有效修复石油污染土壤。

2. 化学修复

化学修复技术是指向土壤中加入化学物质，通过对重金属和有机物的吸附、氧化还原、拮抗或沉淀等作用，以降低土壤中污染物的生物有效性或毒性，主要包括土壤固化、稳定化、淋洗、氧化还原、光催化降解和电动力学修复等技术。污染土壤的化学修复技术发展较早，目前主要形成了土壤固定-稳定化技术、淋洗技术、氧化-还原技术等几个方面的技术类型：

（1）固定-稳定化技术。固定-稳定化技术是指将污染物固定在土壤中，使其长期处于稳定状态，防止或降低污染土壤释放有害化学物质的修复技术。该技术通过将特殊添加剂与污染土壤相混合，利用化学、物理学或热力学过程来降低污染物的物理、化学溶解性或在环境中的活泼性。可以认为，固定-稳定化技术既包括物理修复的过程，也包含了化学修复的一些基本原理。重金属化学固定修复的研究开始于20世纪50年代，人们用吸附剂固定水体中的重金属。随后逐渐应用到土壤重金属的吸附固定中。随着人们对土壤重金属赋存形态的进一步研究，发现了重金属的毒性与其在土壤中存在的各种形态有密切的相关性。一些基于降低重金属生物有效性的物质被应用于固定土壤和沉积物中的重金属，如沸石、水泥和石灰等。到20世纪80年代以后，许多固定物质，如人工合成的沸石、生物固体、污泥和磷酸盐衍生物等被广泛应用于重金属污染土壤的固定-稳定化中，其中水泥应用最为广泛，国际上报道过利用水泥固定-稳定化处理有机或无机污染的土壤。开发和制备高效、经济的固化-稳定剂成为决定该方法处理效果的重要保证。目前，已有大量的改良材料，包括多种金属氧化物、黏土矿物、有机质、高分子聚合材料、生物材料、农业废弃物、生物炭等被大量研究和应用。利用它们能够吸附或络合重金属、改变土壤介质的酸度等性质，并根据重金属的种类、土壤理化性质、气候条件、耕作制度的不同而被分别用于不同重金属在土壤中的固定。

该处理技术的优点是费用比较低廉，对一些非敏感区的污染土壤可大大降低场地污染治理成本，可以处理多种复杂金属废弃物，形成的固体毒性低，稳定性强，处置费用也较低。但是，其所需的仪器设备较多，如螺旋钻井、混合设备、集尘系统等。另外，污染物埋藏深度、土壤pH和有机质含量等都会在一定程度上影响该技术的应用及有效性。在美国，利用固定-稳定化技术处理各类污染物已有40多年的历史，有近30%已完成的美国超级基金项目是用于污染源控制的，平均运行时间约为1个月，比其他修复技术如土壤蒸汽提取、堆肥等的运行时间短得多。在我国，固定-稳定化技术也应用于部分重金属污染土壤和铬渣清理后的堆场的修复，并获得了较好的效果。

（2）淋洗/浸提技术。淋洗/浸提是将水或含有冲洗助剂的水溶液、酸/碱溶液、络合剂或表面活性剂等淋洗剂注入污染土壤或沉积物中，洗脱土壤中的污染物的过程。淋洗的废水经处理后达标排放，处理后的土壤可以再安全利用。提高污染土壤中污染物的溶解性及其在液相中的可迁移性，是决定淋洗/浸提技术修复效果的关键。淋洗剂的筛选、土壤因素影响分析以及淋洗条件的优化（包括淋洗时间、水土比、淋洗液组合等）是实施该技术的关键步骤。到目前为止，化学淋洗技术主要围绕着用表面活性剂处理有机污染物，用螯合剂或酸处理重金属来修复被污染的土壤。

同其他修复技术相比，这种修复技术方法具有简便、成本低、处理量大、见效快等优点，适用于大面积、重度污染的治理，特别适用于轻质土、砂质土（但对渗透系数很低的土壤效果不好），可用于处理难以从土壤中去除的有机污染物，如PCBs、油脂类等易于吸附或黏附在土壤中的物质。目前，淋洗/浸提技术已在多个国家被工程化应用于修复重金属污染或多污染物混合污染介质的处理。但是，该技术用水较多，修复场地要求靠近水源，需要处理废水而增加成本，容易导致土壤养分流失和性质改变。目前，该技术领域重要的研究课题包括对高效、专性的表面增溶剂的研发，修复效率的提高，设备与污水处理费用的降低，二次污染的防治等。

（3）化学氧化-还原技术。化学氧化-还原技术是通过向土壤中投加Fenton试剂、臭氧、H_2O_2、$KMnO_4$等化学氧化剂或SO_2、FeO、气态H_2S等还原剂，使其与污染物发生化学反应来实现净化土壤的目的。该方法可用于被有机污染物污染的土壤和地下水的修复。应用化学氧化-还原技术对还原作用敏感的有机污染物修复是当前研究的热点。例如，纳米级粉末零价铁的强脱氯作用已被接受和应用于土壤与地下水的修复。但是，目前零价铁还原脱氯降解含氯有机化合物技术的应用还存在诸如铁表面活性的钝化、被土壤吸附产生聚合失效等问题，需要开发新的催化剂和表面激活技术。

（4）光催化降解技术。土壤光催化降解技术是一项新兴的深度土壤氧化修复技术，可应用于农药等有机污染物污染土壤的修复。土壤水分、土壤pH和土壤厚度、土壤质地、粒径等对光催化氧化有机污染物有明显的影响。一般情况下，高孔隙度的土壤中污染物迁移速率快，土壤黏粒含量越低，光解越快。此外，土壤中氧化铁含量对有机物光解起着重要调控作用。

（5）电动力学修复技术。电动力学修复是通过电化学和电动力学的复合作用（电渗、电迁移和电泳等）驱动污染物富集到极区，再进行集中处理或分离的过程。即通过在污染土壤两侧施加直流电压形成电场梯度，土壤中污染物质在电场作用下通过电迁移、电渗流或电泳的方式被带到电极两端从而修复污染土壤。目前，电动力学修复技术已进入现场修复应用阶段，我国也先后开展了菲和五氯酚等有机污染土壤的电动力学修复技术研究。电动力学修复速度较快、成本较低，特别适用于小范围的黏质的可溶性有机物污染土壤的修复，其不需要化学药剂的投入，修复过程对环境几乎没有任何负面影响，与其他技术相比，电动力学修复技术也更容易为大众所接受。但电动力学修复技术对电荷缺乏的非极性有机污染物去除效果不好，对于不溶性有机污染物，需要化学增溶，易产生二次污染。

3. 生物修复

污染土壤的生物修复技术因其费用低廉、不扰动土壤、美化景观等优点，为土壤污染治理提供了新的思路，成为污染生态学研究的热点。土壤污染的生物修复技术是指利用生物（植物、微生物和原生动物）吸收、降解、转化土壤中的污染物质，是一个自然或人为控制条件下的土壤污染物降解或无害化的过程。按照生物类群可将生物修复分为3种类型，分别是植物修复、动物修复和微生物修复。

1）植物修复

植物修复技术是一种利用自然生长或遗传培育的植物对污染物进行提取、根滤、稳定和挥发，从而达到降低土壤中污染物的目的。根据其作用过程和机理，可分为植物提取、植物固定、植物挥发、植物过滤和植物加强的降解作用。

植物提取又称为植物吸收、植物萃取，是指利用植物对污染物，特别是重金属的耐性和积累作用，将污染物转运到植物地上部分，通过连续种植和收割而达到降低或去除土壤污染的植物修复技术。该技术需要具有生物量大、生长迅速、抗性强且具有超富集能力的植物，此方法的关键在于寻找合适的超富集植物和诱导出超级富集体。

植物固定是通过植物根系的某些特殊物质使重金属等污染物的活性降低，使其不能被生物所利用。如植物枝叶分解物、根系分泌物对重金属的固定作用，腐殖质对金属离子的螯合作用等。该技术要求修复植物首先能在高含量重金属污染的土壤中生长；其次，其根系及分泌物能够吸附、沉淀或还原重金属。由于其对重金属的固定只是暂时的，并未将其去除，因此并没有彻底解决重金属污染问题。

植物挥发是指利用植物根系分泌的特殊物质或微生物使吸收到植物体内的金属元素等污染物质转化为可挥发态物质，挥发出土壤和植物表面，达到治理土壤污染的目的。对于重金属污染土壤，该技术只适用于具有挥发性质的金属元素如汞、硒等的修复，同时要求挥发出的物质毒性要比挥发前小。由于污染物经过植物挥发到大气中仍会对环境造成一定的危害，使该修复方法的使用受到了一定的限制。

植物过滤主要是指根系过滤技术，一般是通过耐性植物庞大的羽状根系吸收、富集、沉淀周围环境（尤其是水环境）中的重金属等污染物来进行的植物修复技术。用于根系过滤的植物多以水生或半水生为主，进行根滤作用所需的媒介主要是水体，因此根滤技术多用于水体、浅水湖和湿地生态系统重金属等污染的修复。

植物加强的降解作用，又称植物转化，主要是通过植物体内的新陈代谢作用，将植物外部的污染物进行分解。该方法中，植物本生不能大量吸收污染物，但通过植物根系分泌物（如氨基酸、糖类、各种生物酶等）的作用，能够促进根系周围土壤微生物活动和生化反应的进行，从而促进土壤微生物对环境中污染物的吸收，也能够促进土壤吸附和结合污染物。植物转化技术适用于疏水性适中的污染物的修复。

除了上述几类植物修复方式以外，结合物理、化学等方法，植物强化修复法也格外引人关注。目前应用较为成熟的植物强化修复方法主要包括四种类型：①物理强化植物修复方法，主要利用直流电极，改善靶重金属在土壤中的移动性，从而强化植物对重金属的吸收，增强植物修复的效果。②化学强化植物修复方法，主要是根据土壤的酸碱度和靶重金属的性质，投加酸性或碱性物质，改变土壤的 pH，或通过添加络合-螯合剂、表面活性剂、特异性离子等，增加土壤中重金属的活性，增加植物对靶重金属的吸收，强化植物修复效果。③生物强化植物修复方法，主要是利用植物与微生物相结合的生物技术来降解土壤中的有机污染物，起到强化修复土壤有机污染物的效果。④农艺强化植物修复方法，主要通过水肥管理、施肥、轮作、间作、耕作、质地调节等农艺调控措施，改变土壤重金属的形态分布和生物有效性，调节植物的新陈代谢，从而达到提高植物对重金属污染土壤修复效果的目的。

与传统的污染土壤修复技术相比，植物修复技术成本低，在修复土壤的同时也净化和绿化了周围生态环境；原位修复减少了对土壤的扰动，不破坏土壤的生态环境，同时增加土壤的有机质含量，能提高土壤肥力，有效地避免了二次污染；可以有效地固定土壤，控制风蚀、水蚀，减少水土流失；而且集中回收处理植物体内的重金属，可以实现重金属的再次利用，获得直接的经济效益等优点。近年植物修复重金属污染土壤的研究得到了长足的发展。但目前植物修复技术也存在一些问题，如超积累植物较少，生物量普遍偏低，生长速度迟缓，生长周期长，受气候、土肥、水分、酸碱度影响较大，对自然环境和人工条件有一定的要求；多数超积累植物只能吸收积累一种或两种重金属，需要针对不同污染物及污染程度选择合适的修复植物；由于根系较浅，对深层土壤污染修复能力较差，同时植物受到病虫害袭击时也会影响植物的修复效果。此外，在野生环境中，植物对重金属的污染还有可能对野生食草动物造成威胁，存在污染物通过“植物-动物”食物链进入自然界的可能，形成循环污染。

2）动物修复

目前，土壤动物还没有统一的准确定义。狭义的土壤动物是指生活史全部时间都在土壤中的动物。而广义来说，凡是生活史中的一个时期（或季节中某一时期）接触土壤表面或者在土壤中生活的动物均称为土壤动物。

土壤动物是土壤生态系统中的主要生物类群之一，占据着不同的生态位，对土壤生态系统的形成和稳定起着重要的作用。这些动物主要由土壤原生动物和土壤后生动物组成。一般平均每克土中含有原生动物的数量可达 1～4 万个；而土壤后生动物群落主要由线虫、千足虫、蜈蚣、轮虫、蚯蚓、白蚁、老鼠等组成。从数量上估计，每立方米土壤中，无脊椎动物如蚯蚓、蜈蚣及各种土壤昆虫有几十到几百个，小的无脊椎动物可达几万至几十万个。蚯蚓、老鼠等动物以动植物残体为食，不断地破碎和分解有机物。一方面，这给微生物提供了更多的营养，同时微生物随着土壤动物在土壤中的运动，而不断被带到新的环境中大量繁殖；另一方面，动物对有机物等的破碎作用也增加了其与微生物的接触面积。

动物修复中，最常使用的动物是蚯蚓。蚯蚓作为大型土壤动物，是土壤中的主要动物类型，其生物量占据土壤动物总量的近三分之二。蚯蚓在土壤中的活动能够促进枝叶的降解、有机物质的分解和无机化，并为土壤增添部分速效成分，对促进土壤微生物活动、促进硝化细菌活动、改善土壤理化结构等均具有积极作用。蚯蚓在重金属污染土壤修复中的作用体现在蚯蚓对重金属的耐性、富集吸收以及活化作用等方面。

动物修复具有生物修复技术的普遍优点：成本低、不破坏植物生长所需的土壤环境；

能使土壤污染物氧化完全，无二次污染问题；其处理效果好，对低分子量污染物去除率可达 99%以上；可就地处理，操作简单。不过动物修复也存在一些明显的缺点，主要表现在动物修复的效率普遍偏低；土壤动物，比如蚯蚓等对外界环境变化感知剧烈，其对土壤重金属的富集能力易受到外界环境影响；同时，蚯蚓作为外来物种引入污染土壤进行修复时，对当地生态系统也可能造成一定的破坏。

3）微生物修复

由于微生物个体小、比表面积大、繁殖快速、种类多、分布广、适应力强、代谢类型多样、代谢速率快，并且微生物常常具有共代谢作用等特点，微生物对环境中污染物质具有强大的降解与转化能力，被广泛应用于污染土壤的修复。微生物修复技术指通过微生物的作用清除土壤和水体的污染物，或使污染物无害化的过程。按照微生物的来源，微生物修复技术可分为自然修复过程和人为修复过程；按修复实施的场所可分为原位生物修复和异位生物修复技术。常用于生物修复的微生物分为细菌（如好氧细菌、厌氧细菌、兼氧细菌等）和真菌（如软腐菌、褐色菌和白腐菌等）两类。细菌可以在污染条件下不断适应环境，产生降解能力。如通过特定酶的诱导和抑制产生基因突变，通过质粒转移获得利用特定污染物的能力。而真菌对于一些大分子化合物表现出很强的降解能力，它们以降解木质素而著称。

微生物自然修复过程是指利用土著微生物的降解能力，降解受污染环境中的污染物质。它需要具备以下环境条件：①有充分稳定的地下水流；②有微生物可利用的营养物；③有缓冲 pH 的能力；④有使代谢能够进行的电子受体。

微生物人为修复工程是指采用有降解能力的外源微生物，用工程化手段加速生物修复进程，又称强化生物修复。它通过生物刺激技术和生物强化技术来增加修复速率，即满足微生物生长的基本条件，并不断投入外源微生物、酶及其他生长基质。

原位生物修复是指不需要将土壤挖走，直接向污染土壤中投加 N、P 等营养物质和供氧。这种方法不仅操作简单、成本低，而且不破坏植物生长所需要的土壤环境，污染物氧化安全、无二次污染、处理效果好，是一种高效、经济和生态可承受的清洁技术。原位强化修复技术包括生物强化法、生物通气法、生物注射法、生物冲淋法和土地耕作法等类型。

生物强化法是在生物处理体系中投加具有特定功能的微生物，来改善原有处理体系的处理效果。获得能够高效作用于目标降解物的菌种，是生物强化法实施的前提。高效菌种可以通过在原来的处理体系中，经过驯化、诱导、富集、筛选和培养获得；也可以利用外源微生物；还可以利用降解质粒的相容性，把能够降解不同有害的质粒组合到 1 个菌种中，组建一个多质粒的新菌种，以获得特异的基因工程菌。在培育基因工程菌的时候，可采用质粒分子育种，即在选择压力的条件下，在恒化器内混合培养，使微生物发生质粒相互作用和传递，以缩短自然进化所需的时间，达到加速培养新菌种的目的。也可以采用降解性质粒 DNA 体外重组技术，在体外对生物大分子 DNA 进行剪切加工，将不同来源的 DNA 重新接连，转移到受体细胞中，通过表达复制，使细胞获得新的遗传性状。此外，原生质体融合技术在目前也有较多应用。

生物通气法是一种加压氧化的生物降解方法，它通过在污染的土壤上打井，安装鼓风机和抽真空机，将空气强行排入土壤中，然后抽出，土壤中的挥发性有机物也随之去除。在通入空气时，加入一定量的氨气，可为土壤中的降解菌提供所需要的氮源，提高微生物的活性，增加污染物的去除效率。该方法可用于修复挥发性有机物污染的地下水水层上部的通气层土壤。生物通气法的实施必须满足以下两个条件：①土壤具有多孔结构以利于微生物的快速生长；②污染物具有一定的挥发性，可通过真空抽提除去。影响氧和营养物迁移的土壤结构将会限制生物通气法的修复效果，不适合的土壤结构会使氧和营养物在到达污染区之前被消耗。

生物注射法适用于处理受挥发性有机物污染的地下水及其上部的土壤。该方法通过加压后，将空气注射到受污染地下水的下部，让气流加速地下水和土壤有机物的挥发和降解，因为其处理采用类似生物通气法的系统，也有人把生物注射法归并于生物通气法。

生物冲淋法是指将含氧和营养的水补充到土壤亚表层，促进土壤和地下水中的污染物的生物降解。该方法大多在各种石油烃类污染的治理中使用，改进后也能用于处理氯代脂肪烃溶剂，如加入甲烷和氧，促进甲烷营养菌降解三氯乙烯和少量的氯乙烯。

土壤耕作法是对污染土壤进行生物耕犁处理。在处理过程中，施加肥料、石灰，进行灌溉，为微生物代谢提供良好环境，使其有充足的营养、水分和适宜的pH，保证在土壤的各个层面上都能发生生物降解。土壤耕作法简易经济，一般适用于渗滤性较差、土层较浅、污染物比较容易降解的污染土壤，耕作过程中，污染物可能会从处理地迁移。

异位生物修复是把污染土壤挖出后进行集中生物降解，主要有预制床法、堆制法及生物反应器法等。该方法在 PCBs、杂酚油、石油、农药等污染土壤的修复中已获得一些成功的案例。异位生物修复包括堆肥法、厌氧处理法和生物反应器处理等技术手段。

堆肥法适用于处理受石油、洗涤剂、多氯烃、农药等污染的土壤。它的大致过程为加料→充氧→调节 pH→发酵→后处理等。可分为风道式堆肥处理、好气静态堆肥处理和机械堆肥处理等类型。

厌氧处理法适用于处理具有高氧化状态的污染物（如三硝基甲苯、PCBs 等）。它的缺陷在于需要严格控制厌氧条件，同时厌氧过程易产生毒性更大、更难降解的中间代谢产物或终产物。

生物反应器是把污染物转移到反应器中完成微生物的代谢。它可以处理地表土及水体污染。一般分为土壤泥浆生物反应器和预制床反应器。土壤泥浆生物反应器是把污染土壤移到反应器中与水相混合成泥浆，在运转过程中添加必要的营养物质，鼓气使微生物与底物充分接触，完成代谢过程，而后在快速过滤池中脱水。它可以作为研究生物降解速率及影响因素的生物修复模型使用，分为连续运转型和间歇运转型。预制床反应器由供水及营养物喷淋系统、土壤底部的防渗漏层、渗滤液收集系统、供气系统等组成，常用于处理多环芳烃、苯、甲苯、乙苯、二甲苯等污染。

微生物修复法能够最大限度地降低污染物的浓度，且降解迅速，费用低，是传统物化修复费用的 30%～50%。同时，微生物修复法对环境影响小，是自然过程的强化，最终产物不会形成二次污染，而且可与其他处理技术结合，处理复合污染，也可同时处理土壤和地下水。此外，微生物修复可以在现场进行，从而减少运输成本，并且在实施原地治理时，对污染位点的干扰及破坏程度小。但由于并非所有的进入环境的污染物都能被生物利用，特定的微生物一般也只能吸收、利用、降解和转化特定类型的化学物质，而且在进行原位修复时要求的条件苛刻，耗时长。异位修复法也仅适用于小范围的污染治理，使得微生物修复法的应用还有很多工作要做。此外，有些污染物经微生物降解后，其产物的毒性和移动性可能比母体化合物更强，也需要引起高度重视。

1.2.2　土壤污染修复的发展趋势

1. 发展绿色、安全、环境友好的生物修复技术

面对既不能破坏土壤肥力和生态环境功能，不能导致二次污染的发生，又亟待修复的农田耕地污染，发展绿色、安全、环境友好的土壤生物修复技术十分迫切。生物修复技术不仅能适用于大面积污染农田土壤的原地修复，其本身也具有良好的技术和经济上的双重优势。可以说，利用太阳能和自然植物资源的植物修复，利用高效而多样化土壤微生物资源的微生物修复，利用土壤生态系统多样化的动物资源开展动物修复，以及综合土壤生态功能的自然修复等绿色与环境友好的生物修复技术，将是未来污染土壤修复技术研发的主要方向。

加强从常规作物中筛选合适的修复品种，特别是筛选一些低积累作物品种，发展适用于不同土壤类型和条件的污染土壤的利用技术；应用诸如基因工程、酶工程、细胞工程等生物工程技术，发展土壤生物修复技术，均有利于提高污染土壤的治理速率与效率，具有广阔的应用前景。

2. 发展多种方法联合的综合修复技术

土壤中污染物种类多，类型复杂，污染程度差异大，不同地域的土壤类型也各不相同，土壤组成、结构、性质等的空间分异明显，而且修复后土壤再利用方式的空间规划要求也不尽相同。这使得单一的修复技术往往很难实现修复目标。发展协同联合的综合修复模式必然成为场地和农田土壤污染修复的研究方向。如开展不同修复植物的组合修复、功能菌与超积累植物的联合修复、真菌-植物联合修复、土壤动物-植物-微生物组合修复、物理强化植物修复、化学强化植物修复、生物强化蒸汽浸提修复、光催化纳米材料修复等。

3. 多类型的原位修复技术的发展

异位修复虽然修复效果较好，而且便于监测，但其昂贵的成本和对污染场地结构的破坏性，越来越引起人们的注意。另外，异位修复很难治理深层土壤及地下水均受污染的场地，也难以针对建筑物下面的污染土壤或紧靠重要建筑物的污染场地开展修复。原位蒸汽浸提技术、原位固定-稳定化技术、原位生物修复技术等原位土壤修复技术得到了越来越多的重视。

4. 基于功能材料的土壤修复技术的研发与评估

目前，黏土矿物改性技术、催化剂催化技术、纳米材料技术等已开始应用于污染土

壤的生态修复，并取得了一些令人振奋的消息。但是相关功能材料的研制及其应用技术还刚刚起步，人们对这些功能材料在土壤中的反应、行为、归趋及生态毒理等还缺乏了解，其环境安全性和生态健康风险也难以评估，需要加强这方面的研究。

5. 基于设备化的快速场地修复技术研发

土壤修复工作的开展依赖于修复设备和监测设备的支撑，设备化的快速场地修复技术是土壤修复走向市场化和产业化的基础。特别是对于诸如城市工矿企业等搬迁遗留场地、工业园区改造项目等特殊地理位置和特殊再利用目标土壤的修复，需要能够快速、高效地完成修复工作，开发与应用基于设备化的场地污染土壤的快速修复技术是一种发展趋势。

6. 加强土壤修复实施及有关技术的规范与示范

需要对土壤修复的实施及有关技术进行规范与示范，建立相应的技术体系，明确在从小试到中试再到实用型处理系统的放大过程中，制定怎样的运行机制与实际管理问题，以及开发时间的确定和运行费用的标准问题等。

7. 构建土壤修复决策支持系统

污染土壤修复技术筛选需要综合考虑风险削减、环境效益与修复成本等要素。在广泛的可处理性试验研究的基础上，构建土壤修复决策系统，为污染场地的风险管理和修复技术的筛选提供依据，具有广阔的应用前景。欧美许多土壤修复研究组织针对污染场地管理和决策进行了系统研究，开发了一些辅助决策工具，并应用于一些具体的场地修复过程，取得了良好的效果。

8. 建立土壤修复安全评价标准

确定修复基准，开展土壤环境质量评价，建立包括环境化学、生态毒理学评价检测指标体系在内的完备的修复后污染物风险评估，是污染场地风险管理的重要环节，也是评估土壤修复效果及其生态安全性的需要。由于土壤污染类型的多样化和污染场地的复杂性，需要针对性地发展场地修复的评估方法与技术。此外，评价标准还需要对运行费用标准和处理达标要求给予明确规范，并建立相应的责任处罚规章制度与条例，对达不到处理法定目标要求的，给予责任处罚的量化处理规定。

1.2.3 土壤污染防治的其他建议

当前我国的土壤环境质量总体并不乐观，部分地区的土壤污染较为严重。采取有效的措施去改善土壤污染现状和降低土壤污染的风险已经刻不容缓，其中一个重要的环节就是在国家层面建立一系列的土壤污染防治法律法规和土壤污染防治政策。为切实保护土壤环境，防治和减少土壤污染，2011 年 3 月国务院正式批复中国第一个“十二五”国家级别的专项规划《重金属污染综合防治“十二五”规划》；2013 年 1 月国务院办公厅发布《近期土壤环境保护和综合治理工作安排》；2016 年 5 月国务院印发了《土壤污染防治行动计划》（被称为“土十条”），其中提到要“加强污染源监管”以及“明确治理与修复主体”等方面的内容。

除了相关的法律法规外，还应借助相关的科学思路和方法开展土壤污染的治理和修复研究工作。如利用科学的源解析手段来获取土壤中污染物的主要来源及其贡献，从而起到控制和治理土壤关键污染的目的。具体的防治措施包括：①加强土壤本身的自净功能研究。土壤自身具有一定的物理净化、物理化学净化及化学净化作用。如土壤有多孔的空间体系，可以看作一个天然的过滤装置，一些难溶性的固体废弃物将长时期被阻留在土壤中，而易溶性的污染物被土壤吸收；土壤胶体能吸附污染物的阴离子或阳离子，从而减小污染物对农作物生长的危害。不过土壤的物理净化只能在污染物的浓度较低时起作用，所承受的污染范围不能超出土壤的环境容量。土壤化学净化作用的机理比较复杂，影响因素也较多，污染物本身进入土壤后，势必在土壤中产生一系列的化学作用，对土壤的结构产生一定影响，进而影响土壤的自净能力，而一些性质较为稳定、不易分解的聚乙烯化合物难以通过土壤的化学净化作用加以消除。②科学地进行污水灌溉是防止农田土壤污染的重要单元。在利用废水灌溉农田之前，应严格按照《农田灌溉水质标准》规定的标准进行净化处理。因为工业废水成分复杂，种类繁多，可能某些工厂排出的废水是无害的，但工厂之间排出的废水混合后就变成了有毒的废水。③农作物生长过程中应合理地喷洒农药，使用高效、低毒、低残留农药。在农药生产过程中，要注重对农药剂型的改进，严格限制剧毒、高残留农药的使用，重视低毒、低残留农药的开发。在农药喷施过程中，需要控制化学农药的用量、使用范围、喷施次数和喷施时间，改进喷洒技术。④化肥施用过程需合理，加强有机肥的增施。在农业活动中，根据当地的气候状况、土壤的肥力状况、农作物的生长发育特点，合理地施用化肥，选择最佳投加量。增施有机肥，一方面能提高土壤有机质含量，增强土壤胶体对重金属和农药的吸附能力，另一方面也能改善土壤微生物的流动条件，加速生物降解过程。⑤为加速土壤有机物的分解和增强重金属的固定作用，施用化学改良剂，采取生物改良措施。向重金属轻度污染的土壤中施用改良抑制物，可将重金属转化成难溶的化合物，降低重金属在土壤和植物体内的迁移能力，减少农作物对重金属的吸收。⑥积极采用生物去污和其他防治技术措施。以农业技术防治农业病虫害、草害，减少杀虫剂的使用；积极推广生物方法，利用益鸟、益虫和某些病原微生物来防治农林病虫害；通过遗传操纵释放不育性雄性以毁灭有害生物自身，或筛选有抗性的植物品种来对抗害虫；深入开展科普教育，进行农业环保知识和生产技能培训，提高农民综合素质。

第2章　样品的采集和制备技术

2.1　土壤样品的采集和制备

土壤是一个不均一体，影响它的因素是错综复杂的。自然因素包括地形（高度、坡度）、母质等；人为因素包括耕作、施肥、环境污染等。土壤的不均一性给土壤样品的采集带来了很大困难，如采集 1kg 样品，再在其中取出几克或几百毫克用于样品分析，而要这几克或几百毫克的土壤样品能够代表一定面积的土壤，似乎要比正确的化学分析还困难些。实验室工作者只能对送来样品的分析结果负责，如果送来的样品不符合要求，那么任何精密的仪器和熟练的分析技术都将毫无意义。因此，分析结果能否说明问题，关键在于采样。

2.1.1　土壤样品的采集

1. 采样前的准备

根据土壤环境污染的监测目标和任务要求，首先到研究区进行现场踏勘，了解地形地貌、植被分布、土壤类型，然后制定具体采样方案，包括采样路线、采样单元、样点布设、采样时间、采样数量等。同时，准备采样工具（如土钻、土铲、铁锹、锄头、小榔头、铅笔、采样标签纸等）和配套的仪器设备（GPS 定位仪、罗盘、高度计、卷尺、样品袋、照相机等），以及安全防护用品类，如工作服、雨具、防滑登山鞋、安全帽等。

2. 采样点的布设

在调查研究基础上，选择一定数量能代表被调查地区的地块作为采样单元（0.13～0.2hm^2），在每个采样单元中，布设一定数量的采样点。同时选择对照采样单元布设采样点。为减少土壤空间分布不均一性的影响，在一个采样单元内，应在不同方位上进行多点采样，并且均匀混合成为具有代表性的土壤样品。

对于大气污染物引起的土壤污染，采样点布设应以污染源为中心，并根据当地的风向、风速及污染强度系数等选择在某一方位或某几个方位上进行。采样点的数量和间距依调查目的和条件而定，通常，在近污染源处采样点间距小些，在远离污染源处间距大些。对照点应设在远离污染源，不受其影响的地方。由城市污水或被污染的河水灌溉农田引起的土壤污染，采样点应根据灌溉水流的路径和距离等来考虑。总之，采样点的布设既应尽量照顾到土壤的全面情况，又要视污染情况和监测目的而定。下面介绍几种常用采样布点方法。

1）对角线布点法

该法适用于面积小、地势平坦的污水灌溉或受污染河水灌溉的田块。布点方法是由田块进水口向对角线引一斜线，将此对角线三等分，在每等分的中间设一采样点，即每一田块设三个采样点。根据调查目的、田块面积和地形等条件可做变动，多划分几个等分段，适当增加采样点。图 2-1 中记号“△”为采样点。

2）梅花形布点法

该法适用于面积较小、地势平坦、土壤较均匀的田块，中心点设在两对角线相交处，一般设 5～10 个采样点。

3）棋盘式布点法

这种布点方法适用于中等面积、地势平坦、地形完整开阔、土壤较不均匀的田块，一般设 10 个以上采样点。此法也适用于受固体废物污染的土壤，因为固体废物分布不均匀，应设 20 个以上的采样点。

4）蛇形布点法

这种布点方法适用于面积较大、地势不很平坦、土壤不够均匀的田块。该法布样点数目较多，为全面客观评价土壤污染情况，在布点的同时要做到与土壤生长作物监测同步进行布点、采样、监测，以便于对比和分析。

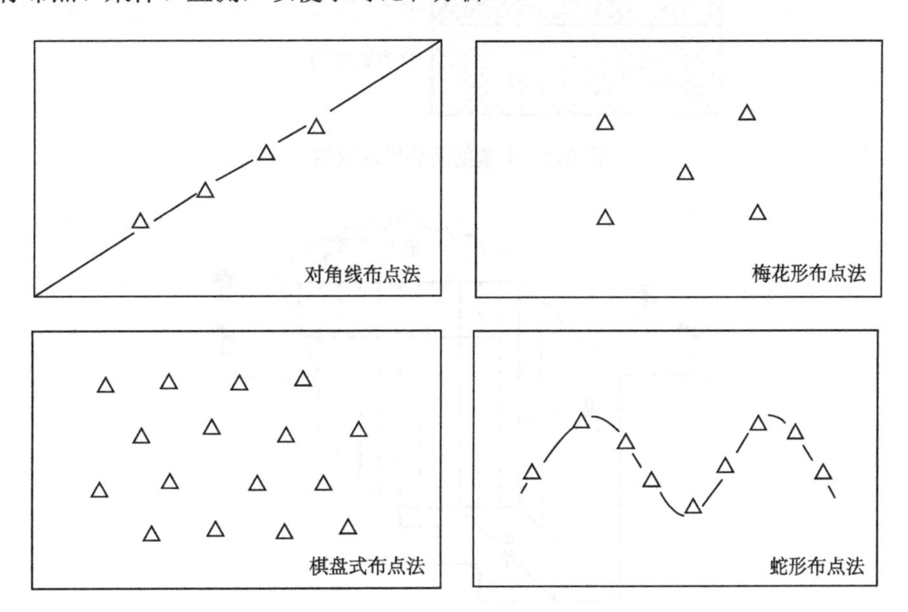

图 2-1　土壤采样布点示意图

3. 采样深度

采样深度视监测目的而定。如果主要调查表层土壤污染状况，只需取 0～20cm 的土壤就可以了。如要调查土壤污染深度，则应按土壤剖面层次分层采样。土壤剖面指地面向下的垂直土体的切面。在垂直切面上可观察到与地面大致平行的若干层具有不同颜色、性状的土层。典型的自然土壤剖面分为 A 层（表层、腐殖质淋溶层）、B 层（亚层、淀积层）、C 层（风化母岩层、母质层）和 D 层（底岩层），见图 2-2。采集土壤剖面样品时，需在特定采样地点挖掘一个 1.0m×1.5m 左右的长方形土坑，深度在 1.0m 以内，一般要求达到母质或潜水处即可，见图 2-3。根据土壤剖面颜色、结构、质地、松紧度、温度、植物根系分布等划分土层，并进行仔细观察，将剖面形态、特征自上而下逐一记录。随后在各层最典型的中部自下而上逐层采样，在各层内分别用小土铲切取一片片土壤样，每个土壤剖面土层示意图采样点的取土深度和取样量应一致。根据监测目的和要求可获得分层试样或混合样。用于重金属分析的样品应将和金属采样器接触部分的土样弃去。

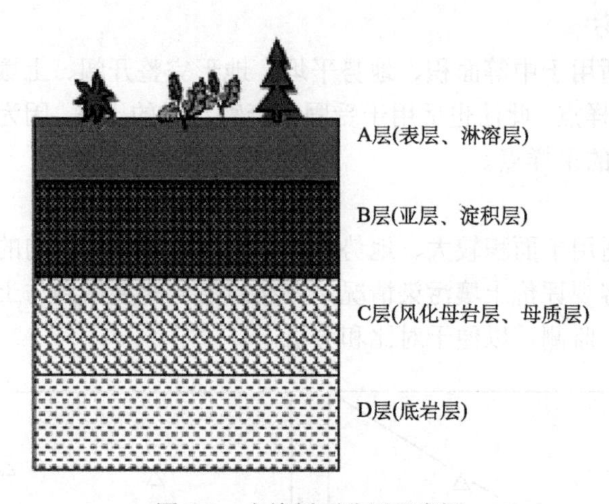

图 2-2　土壤剖面分层示意图

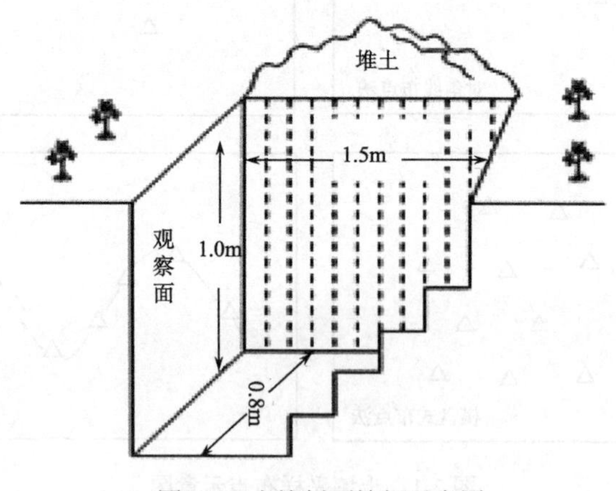

图 2-3　土壤剖面挖掘示意图

4. 采样时间

为了解土壤污染状况，可随时采集样品进行测定。如需同时掌握在土壤上生长的作物受污染状况，可依季节变化或作物收获期采集，一年中在同一地点采样两次进行对照。

5. 采样量

野外采集的土壤样品一般是多样点均量混合而成，这往往造成土壤采集总量较大。

而用于后期的土壤样品总量一般只需要 1～2kg 即可，因此对所得混合样需反复按四分法弃取，最后留下所需的土量，装入塑料袋或布袋内。

6. 采样注意事项

（1）采样点不能设在田边、沟边、路边或肥堆边；

（2）将现场采样点的具体情况，如土壤剖面形态特征等做详细记录；

（3）现场填写两张标签（地点、土壤深度、日期、采样人姓名），一张放入样品袋内，一张扎在样品口袋上。

2.1.2　土壤样品的制备和保存

从野外采回的土样，经登记编号后，都需要经过一个制备过程：风干、磨细、过筛、混匀、分装，制成满足分析要求的土壤样品。样品制备的目的是：①剔除土壤以外的侵入体（如植物残茬、昆虫、石块等）和新生体（如铁锰结核和石灰结核等），以除去非土壤成分；②适当磨细，充分混匀，使分析时所称取的少量样品具有较高的代表性，以减少称样误差；③全量分析项目，样品需要尽可能磨细，以使分解样品的反应能够完全和彻底；④防止霉变，使样品可以长期保存。

1. 新鲜样品和风干样品

为了样品的保存和工作的方便，从野外采回的土样都要先进行风干。但是，在风干过程中，有些成分如低价铁、铵态氮、硝态氮等会发生很大的变化，所以这些成分的分析一般均用新鲜样品。也有一些成分如土壤 pH、速效养分，特别是速效磷、钾也有较大的变化。因此，土壤速效磷、钾的测定，用新鲜样品还是用风干样品，就成了一个争论的问题，有人认为新鲜样品比较符合田间实际情况；也有人认为新鲜样品是暂时的田间情况，它随着土壤中水分状况的改变而变化，不是一个可靠的常数，而风干土样测出的结果是一个平衡常数，比较稳定和可靠，而且新鲜样品称样误差较大，工作又不方便。因此，在实验室测定土壤速效磷、钾时，仍以风干土为宜。

2. 样品的风干、制备和保存

1）风干

由野外采回的土壤样品含水量大体上处于风干到水分饱和的状态之间，通常需要进行干燥。干燥分为风干（通常在气温 25～35℃，空气相对湿度为 20%～60%时）和烘干（通常在 35～60℃）两种，但多采用风干法，因为它方便，对土壤性状的影响相对较少。风干应在通风的室内自然阴干，严禁曝晒。防止污染，尤其是供微量元素分析用的土样，绝对不能用旧报纸衬垫。当土样达到半干状态时，须将植物残根、侵入体和新生体进一步剔除干净；大土块捏碎，以免干后结成硬块，不易压碎，这对黏性土壤尤为重要。风干场所要防止酸、碱等气体及灰尘的污染。

2）磨细过筛

风干后的土样，倒入钢化玻璃底的木盘上，用木棍研细，使之全部通过 2mm 孔径的筛子。充分混匀后用四分法分成两份，如图 2-4 所示。一份作为物理分析用，另一份作为化学分析用。作为化学分析用的土样还必须进一步研细，使之全部通过 1mm 或 0.5mm 孔径的筛子。1927 年国际土壤科学联合会规定通过 2mm 孔径的土壤作为物理分析之用，能通过 1mm 孔径的作为化学分析之用，人们一直沿用这个规定。但近年来很多分析项目趋向于用半微量的分析方法，称样量减少，要求样品的细度增加，以降低称样的误差。因此现在有人使样品通过 0.5mm 孔径的筛子。但必须指出，对于土壤 pH、交换性能、速效养分等的测定，样品不能研的太细，因为研得过细，容易破坏土壤矿物晶粒，使分析结果偏高。同时要注意，土壤研细主要使团粒或结粒破碎，这些结粒是由土壤黏土矿物或腐殖质胶结起来的，而不能破坏单个的矿物晶粒。因此，研碎土样时，只能用木棍滚压，不能用榔头锤打。因为晶粒破坏后，暴露出新的表面，会增加有效养分的溶解。

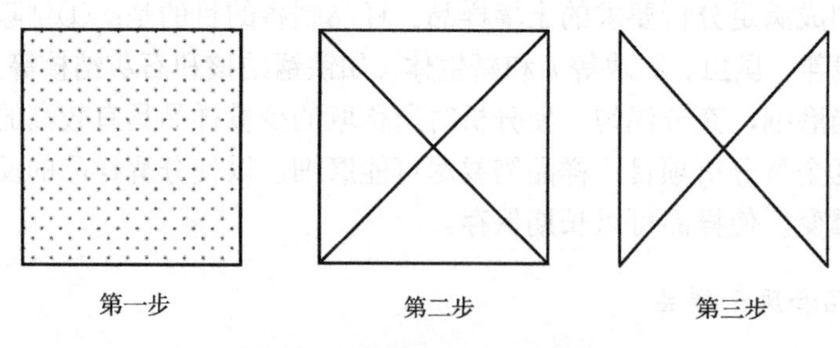

图 2-4　四分法取样步骤图

全量分析的样品包括 Si、Fe、Al、有机质、全氮等的测定，不受磨碎的影响，而且为了减少称样误差和使样品容易分解，需要将样品磨得更细。方法是取部分已混匀的 1mm 或 0.5mm 的样品铺开，划成许多小方格，用骨匙多点取出土壤样品约 20g，磨细，使之全部通过 100 目筛子。测定 Si、Fe、Al 的土壤样品需要用玛瑙研钵研细，瓷研钵会影响 Si 的测定结果。

在土壤分析工作中所用的筛子有两种：一种以筛孔直径的大小表示，如孔径为 2mm、1mm、0.5mm 等；另一种以每英寸[①]长度上的孔数表示。如每英寸长度上有 40 孔，为 40 目筛子，每英寸有 100 孔为 100 目筛子。孔数越多，孔径越小。筛目与孔径之间的关系可用下列简式表示：

$$\text{筛孔直径（mm）}=\frac{16}{\text{每英寸孔数}}$$

$$16\text{mm}=25.4\text{mm}-9.4\text{mm（网线宽度）}$$

3）保存

过筛后的土样经充分混匀，然后装入带磨口塞的玻璃广口瓶或塑料容器中，内外各有一张标签，写明样品编号、采样地点、土壤名称、筛孔直径、采样深度、采样日期和采样人等项目。所有样品都须按编号专册登记。制备好的土样要妥善储存，避免日光、

① 英寸为非法定单位，1 英寸＝25.4mm

高温、潮湿和有害气体的污染。一般土样保存半年至一年，直至全部分析工作结束，分析数据核实无误后，才能弃去。

2.2 植物样品的采集和制备

在研究植物与环境相互关系时，往往要涉及相关环境中植物样品的采集与制备处理。这类植物样品的采集主要指包含农作物样品的采集和野生植物样品的采集，对于野生植物样品的采集不仅包含了植物学内容的植物标本采集与制作，还包含有供分析测试用的植物样品的采集，在调查研究的基础上，制订方案，确定布点和采样方法、采样时间和频率，采集具有代表性的样品，选择适宜的样品制备和保存方法。

2.2.1 植物样品的采集

1. 采集原则

1）代表性

即采集能代表一定范围污染情况的植株为样品。这就要求对污染源的分布、污染类型、植物的特征、地形地貌、灌溉出入口等因素进行综合考虑，选择合适的地段作为采样区，再在原样区内划分若干小区，采用适宜的方法布点，确定代表性的植株。采集时，不要选择田埂、地边及离田埂地边 2m 范围以内的植株。

2）典型性

典型性指所采集的植株部位要能充分反映通过监测所要了解的情况。根据要求分别采集植株的不同部位，如根、茎、叶、果实，不能将各部位样品随意混合。

3）适时性

适时性指在植物不同生长发育阶段，施药、施肥前后，适时采样监测，以掌握不同时期的污染状况和其对植物生长的影响。根据研究需要，在植物不同生长发育阶段，定期采样，以便了解污染物的影响情况。

2. 布点方法

在划分好的采样小区内，常采用梅花形布点法（图 2-5）或交叉间隔布点法（图 2-6）确定代表性的植株，最好结合土壤采样进行。

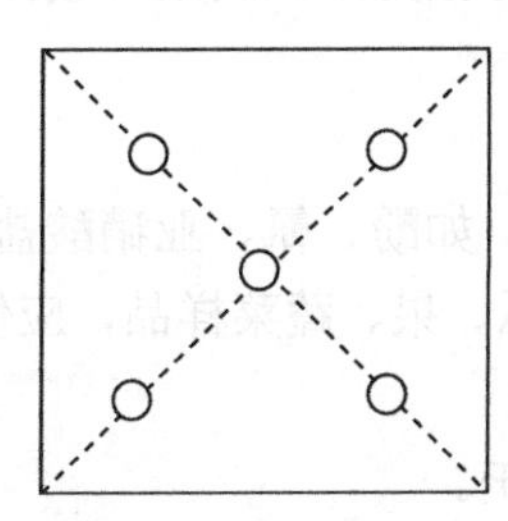

图 2-5 梅花形布点法

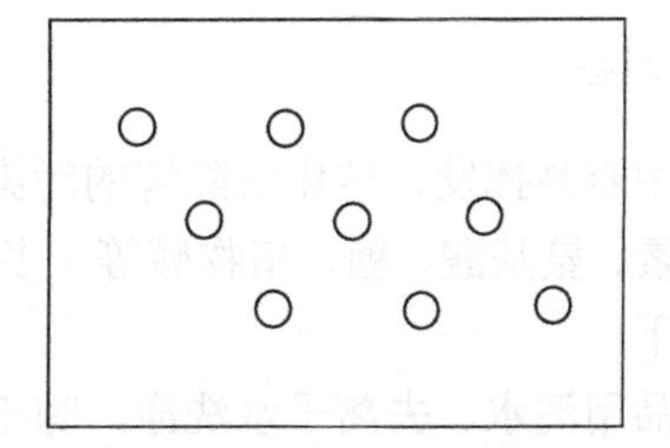

图 2-6 交叉间隔布点法

3. 采样

1）采样前的准备工作

采样前应预先准备好采样工具，如小铲、枝剪、剪刀、布袋或塑料袋、标签、记录本和采样登记表等。

2）样品采集量

样品采集量应根据分析项目数量、样品制备处理要求及重复测定次数等来确定。一般要求样品经制备后，应有20～50g干样品。新鲜样品可按含80%～90%的水分计算所需样品量，应不少于0.5kg。

3）采样方法

在每个采样小区内的采样点上分别采集5～10处植株的根、茎、叶、果实等，将同部位样混合，组成一个混合样；也可以整株采集后带回实验室再按部位分开处理。若采集根系部位样品，应尽量保持根部的完整。对一般旱作物，在抖掉附在根上的泥土时，注意不要损失根毛；如采集水稻根系，在抖掉附着泥土后，应立即用清水洗净。根系样品带回实验室后，应及时用清水清洗（不能浸泡），再用纱布拭干。如果采集果树样品，要注意树龄、株型、生长势、栽果数量和果实着生的部位及方向。如要进行新鲜样品分析，则在采集后用清洁、潮湿的纱布包住或装入塑料袋，以免因水分蒸发而萎缩。

4）样品的保存

将采集好的样品装入布袋或聚乙烯塑料袋中，贴好标签，注明编号、采集地点、植物种类、分析项目，并填写采样登记表。

样品带回实验室后，如测定新鲜样品，应立即处理和分析。当天不能分析的样品，暂时放于冰箱中保存，其保存时间的长短，视污染物的性质及在生物体内的转化特点和分析测定要求而定。如果测定干样品，则将鲜样放在干燥通风处晾干。

2.2.2　植物样品的制备

采集后必须及时进行制备，放置时间过长营养元素将会发生变化。从现场采回来的植物样品称为原始样品。要根据分析项目的要求，按植物特性采用不同方法进行选取。例如块根、块茎、瓜果等样品，洗净后可切成4块或8块，再按需要量各取每块的1/8或1/16混合成均样。粮食、种子等充分混匀后平铺于玻璃板或木板上，用多点取样或四分法多次选取得到均样。最后，对各个平均样品进行预处理，制成待检样品。

1. 鲜样的制备

测定植物中容易挥发、转化或降解的污染物质，如酚、氰、亚硝酸盐等；测定营养成分，如维生素、氨基酸、糖、植物碱等。多汁的瓜、果、蔬菜样品，应使用新鲜样品。其制备方法如下：

（1）将样品用清水、去离子水洗净，晾干或拭干。

（2）将晾干的鲜样切碎、混匀，称取样品放于高速组织捣碎机的捣碎杯中，加适量蒸馏水或去离子水，开动捣碎机捣碎1～2min，制成匀浆。对含水量大的样品，如熟透的西红柿等，捣碎时可以不加水或把过多的水分置于另一器皿，捣碎后混合均匀；对含水量少的样品，可以多加水。

（3）对于含纤维多或较硬的样品，如禾本科植物的根、茎秆、叶子等，可用不锈钢刀或剪刀切（剪）成小片或小块，混匀后在研钵中加石英砂研磨。

2. 干样的制备

分析植物中稳定的污染物，如某些金属元素和非金属元素、有机农药等，一般用干样品。其制备方法如下：

1）干燥

擦净或洗净的样品要尽快在干燥处风干或用恒温烘箱烘干。烘干时温度要适宜，常用的烘干方法有：①在不超过105℃的温度下短时间（15～30min）干燥（或杀青），然后降温至 60～70℃烘干；籽粒等样品可直接在 70～80℃下烘至样品干燥适于研磨或粉碎为止。②为避免 CO_2、NH_3 及其他挥发性化合物的损失，可用不低于40℃的低温长时间进行干燥。不论用什么方式进行干燥处理，都应防止烟雾和灰尘污染。

2）磨碎过筛

为使试样的组成更为均匀和易于进行分析，须将风干或烘干的样品研磨粉碎并均匀混合。谷类的果实样品必须先脱壳再进行粉碎。植物试样过筛一般没有规定标准筛孔，但不能磨得过细，以免灰化时引起微粒飞失。对多数分析要求来说，过 0.5～1mm 筛即可；若称样仅 1～2g，宜用 0.5mm 筛；称样小于 1g，须用筛孔为 0.25mm 或 0.1mm 筛。若测定试样中的微量元素，研磨分析样品的细度也相当重要，至少过 0.8mm 筛，并混合均匀。

用于微量元素测定的样本在制备时应该特别防止可能引起的污染。在干燥箱中烘干时，应该防止金属粉末的污染；在研磨时，为防止金属器械对样品的污染，最好使用玛瑙研钵并过尼龙筛，也可选用特制的不锈钢磨或瓷研钵。如果要准确地分析铁元素含量，必须在玻璃或者玛瑙研钵上研磨。

2.2.3 植物样品的保存

及时有效地对野外采集的样品进行正确保存，是保证样品室内化验分析取得准确结果的前提条件，也是长期生态监测和研究的需要。样品的保存方法和保存时间随实验、监测目的不同而不同，也因样品特性的不同而不同。

1. 新鲜样品的保存

在烘干过程中样品可能发生化学变化，如糖焦化或淀粉被酸性汁液水解等，因此最好用新鲜样品测定这类成分。若不能立即分析，样品应冷藏。新鲜样品是指那些刚从野外采集的活的植物体，如植物的叶、花、果、根等，也包括整棵植株。这些活的植物体采集后，如不及时正确保存，可能会因失水和呼吸代谢等原因而萎蔫，体内各成分含量也会发生变化，影响分析结果。对于新鲜的植物样品，一般采取冷冻法保存。

需要进行生化分析的样品或需要保存较长时间再进行分析的样品，可用液氮罐保存或超低温冰箱保存，对一般要进行养分、热量或矿物质分析的样品可用一般冰箱进行常规冷冻保存。在野外采样时，应携带内加冰块的保温瓶或小型液氮罐，将采集的植物样品及时放入保温瓶（罐）中，回到实验室对样品进行适当处理后再放入冰箱或大的液氮罐中保存。

新鲜样品保存前，应根据需要进行适当处理，如剪成小段、捆扎、装入信封或用塑料膜包装等，并挂上标签，写明样品名称、采样地点和编号等。对保存的新鲜样品应定期进行检查，防止混淆拿错或散失。

2. 干燥样品的保存

干燥样品是指经过自然干燥或烘干后的样品。干燥样品的保存一般比新鲜样品容易，在正常室温下，只要保持干燥、避光和防止霉变、虫蛀等，就能使样品保存较长时间。

干燥样品保存前，为避免占用较大空间，可在烘干后及时将其粉碎。粉碎后，将其装入透气的纸袋或信封内，写明样品名称、采样地点和编号等，然后放入干燥皿中保存，也可置于自然干燥通风处保存；或储存于有磨口的广口玻璃瓶或广口塑料瓶中，内外贴上标签备用。对于已烘干的试样，在研磨或储存过程中，仍会吸收一些水分，因此在精密分析工作时，称样前须在65℃下烘12～24h或90℃下烘2h。称样时应充分混匀后多点采取，在称样量少而样品相对较粗时更应该注意。分析后剩余的试样若需长期保存，则需再次烘干样品，然后进行灭菌处理（如用γ射线），再装瓶并用石蜡密封保存。

保存的干燥样品，要定期进行检查，防止霉变、虫鼠危害。

第3章　土壤理化性质分析实验技术

3.1　土壤水分测定

植物生长发育所需要的水分主要由土壤来供给。土壤中养分的转化和释放也必须在有水的情况下才能进行，因此土壤中含水量的多少直接影响着植物的生长、发育及其产量与品质。了解土壤中的水分状况，可以为作物栽培提供参考，从而保证植物生长发育良好，获得高产。

测定土壤含水量的方法较多，常用的有烘干法和酒精燃烧法。所需仪器、试剂等主要包括天平、铝盒、烘箱、量筒、无水酒精、干燥器等。

3.1.1　烘干法

烘干法是测定土壤含水量的通用方法，测定本身的误差取决于所用天平的精确度和取样的代表性。本方法要求在田间取样时，特别注意取样点的代表性。

1. 操作步骤

（1）用已知重量的铝盒在天平上称取待测土样15～20g。

（2）将盛土样的铝盒放入烘箱内，打开盖，在105～110℃温度条件下连续烘6h，取出后，放入干燥器内冷却。

（3）将铝盒盖盖上，从干燥器中取出，称量。

（4）称后再将盖打开，放入105～110℃温度的烘箱中烘2h，取出称重，如此连续烘至恒重（直至相邻两次的称重差小于0.05g）。

2. 结果计算

按照下列公式计算土壤含水量，然后将结果记录在表3-1中。

$$土壤含水量(\%)=\frac{湿土重-干土重}{干土重}\times 100$$

表3-1　土壤含水量记录表

土壤名称	深度/cm	重复	铝盒号码	铝盒重/g	盒+湿土重/g	盒+干土重/g	水重/g	干土重/g	含水量/%	平均/g
		1								
		2								
		3								
		1								
		2								
		3								

3.1.2 酒精燃烧法

酒精在湿土中燃烧，可以使水分迅速蒸发干燥。酒精燃烧时火焰距土面 2～3cm，样品温度约 70～80℃，当火焰将要熄灭前几秒钟，火焰下降，土温迅速上升到 180～200℃，然后很快下降至 85～90℃，缓慢冷却。由于高温阶段时间很短，样品中的有机质及盐类损失很少（对于土壤有机质含量高于 5%的样品本方法不适用）。

1. 操作步骤

用酒精燃烧法测定土壤含水量，全过程只需 20min 左右，这种快速测定法很适合在田间测定。

（1）称取样品 10g，放入已知重量的铝盒中。

（2）向铝盒中加入无水酒精，使样品全部被酒精浸没。

（3）燃着酒精，经数分钟后熄灭，待样品冷却后，再加少量无水酒精燃烧，一般情况下，样品经两次燃烧即达恒重。

2. 结果计算

同烘干法。

此法需进行平行测定，允许平行绝对误差<1%，取算术平均值。

3.1.3 土壤墒情的鉴别

鉴别土壤墒情对田间管理有着重要的作用，对于作物播种、农田灌溉等都有重要的参考价值。表 3-2 列出了华北地区土壤墒情期的分级经验表，可以作为鉴别土壤墒情的依据。

表 3-2 土壤墒情分级表（轻壤土）

墒情类型	土色	湿润程度	性状和问题	措施
黑墒	深暗，发黑	湿：含水量大于 22%	手捏成团，扔之不碎，手上有明显水迹，水稍多，为适种上限	可适时播种，稍加散墒才宜耕作
褐墒	稍发暗，土色黑黄	湿润：含水量为 16%～22%	手握成团，扔之即散，手上有湿印，为播种生长适宜墒情	可适时播种耕作
黄墒	土黄色	潮湿：含水量约为 12%～16%	手握则能成团，触之即散，手握时有凉爽感觉，为适种下限	抢墒播种耕作，要注意保墒
灰墒	淡灰黄色	半干燥状态：含水量为 5%～12%	手握不能成团，播种时只有部分出苗	抗旱播种
干土	灰白色	干燥：含水量在 5%以下	无潮湿感觉，呈干土块或干土面，不宜播种	灌水、耕耙后播种

土壤墒情鉴别方法，可按下列步骤进行：

（1）在耕地上挖深 20cm 土坑。

（2）取少许耕层土壤置于手中，观察判断，确定其墒情类型。

（3）取土壤 15g 左右置于小铝盒中，加盖带回室内测定其水分含量，以验证野外墒情判断正确与否。

（4）将判断结果记入表 3-3。

表 3-3　土壤墒情鉴别结果

采样地点	深度/cm	野外鉴定墒情类型	水分含量/%

3.2　土壤质地的测定

土壤质地是土壤的重要特性，是影响土壤肥力高低、耕性好坏、生产性能优劣的基本因素之一。测定质地的方法有土壤质地手测法、比重计速测法和吸管法。

3.2.1　比重计速测法

土壤颗粒分析的吸管法和比重计法是以斯托克斯定律为基础的（顾柏平，2016）。根据斯托克斯定律，球体在介质中沉降的速度与球体半径的平方成正比，与介质的黏滞系数成反比，关系式为

$$v=\frac{2}{9}gr^2\frac{d_1-d_2}{\eta}$$

式中，v 为半径为 r 的颗粒在介质中沉降的速度（cm/s）；g 为物体自由落体时的重力加速度，约 981cm/s^2；r 为沉降颗粒的半径（cm）；d_1 为沉降颗粒的比重（g/cm^3）；d_2 为介质的比重（g/cm^3）；η 为介质的黏滞系数（g/（cm·s））。

小球在黏滞液体中做匀速的缓慢运动时，所受阻力（摩擦力）（F）为

$$F=6\pi r\eta v\text{（π 为圆周率）}$$

而球体在介质中做自由落体沉降运动时的重力（F'）由本身重量（P）与介质浮力即阿基米德力（FA）之差决定：

$$F'=P-\text{FA}=\frac{4}{3}\pi r^3 gd_1-\frac{4}{3}\pi r^3 gd_2=\frac{4}{3}\pi r^3 g(d_1-d_2)$$

当球体在介质中做匀速运动时，球体的重力（F'）等于它所受到的介质黏滞阻力（F），即

$$\frac{4}{3}\pi r^3 g(d_1-d_2)=6\pi r\eta v$$

由此得出

$$v=\frac{\frac{4}{3}\pi r^3 g(d_1-d_2)}{6\pi r\eta}=\frac{2}{9}gr^2\frac{d_1-d_2}{\eta}$$

而球体做匀速沉降时 $S=vt$[S 为距离（cm）；v 为速度（cm/s）；t 为时间（s）]，因此，

$$t=\frac{S}{\frac{2}{9}gr^2\frac{d_1-d_2}{\eta}}$$

由此，可求出不同温度下，不同直径的土壤颗粒在水中沉降一定距离所需的时间。

将经化学物理处理而充分分散成单粒状的土粒在悬液中自由沉降，经过不同时间，用甲种比重计（即鲍氏比重计）测定悬液的比重变化，比重计上的读数直接指示出悬浮在比重计所处深度的悬液中的土粒含量（从比重计刻度上直接读出每升悬液中所含土粒的重量）。而这部分土粒的半径（或直径）可以根据斯托克斯定律计算，从已知的读数时间（即沉降时间 t）与比重计浮在悬液中所处的有效沉降深度（L）值（土粒实际沉降距离）计算出来，然后绘制颗粒分配曲线，确定土壤质地。比重计速测法可按不同温度下土粒沉降时间直接测出所需粒径的土粒含量，方法简便快速，对于一般性地了解质地，其结果较为可信。

1. 仪器设备与试剂

1）仪器设备

甲种比重计（即鲍氏比重计）：刻度范围 0～60g/L，最小刻度单位 1.0g/L，使用前应进行校正。

洗筛：孔径为 0.1mm、直径为 5cm 的小铜筛。

土壤筛：孔径为 3.0mm、1.0mm、0.5mm、0.25mm。

搅拌棒：带橡皮头的玻棒。

沉降筒（1000mL）、量筒（100mL）、三角瓶（500mL）、漏斗（直径 7cm、4cm）、洗瓶、普通烧杯、滴管等玻璃器皿。

电热板、计时钟、温度计（±0.1℃）、烘箱（5～200℃）、天平（感量 0.0001g 和 0.01g 两种）和铝盒等。

2）试剂

0.5mol/L 氢氧化钠（化学纯）溶液，0.5mol/L 草酸钠（化学纯）溶液，0.5mol/L 六偏磷酸钠（化学纯）溶液。根据土壤 pH，从以上三种溶液中选择一种。

异戊醇（化学纯）。

2%碳酸钠（化学纯）溶液。

软水：将 200mL2%碳酸钠溶液加入 1500mL 自来水中，静置一夜，沉清后，上部清液即为软水，2%碳酸钠溶液的用量随自来水硬化度的加大而增加。

2. 操作步骤

（1）称样：称取通过 1mm 筛孔的风干土样 50g（精确到 0.01g），置于 500mL 三角

瓶中，加蒸馏水或软水湿润样品。另称10g（精确到0.0001g）土样置于铝盒内，在烘箱（105℃）中烘至恒重（约6h），冷却称重，计算吸湿水含量和烘干土重。

（2）样品分散：石灰性土壤（50g样品）加0.5mol/L六偏磷酸钠60mL，中性土壤（50g样品）加0.5mol/L草酸钠20mL，酸性土壤（50g样品）加0.5mol/L氢氧化钠40mL，然后用煮沸法对样品进行物理分散处理，即在已加分散剂的盛有样品的500mL三角瓶中再加入蒸馏水或软水，使三角瓶内土液体积达250mL，盖上小漏斗，摇动三角瓶，然后放在电热板上加热煮沸。在煮沸前应经常摇动三角瓶，以防土粒沉积瓶底结成硬块或烧焦，煮沸后保持沸腾1h。

（3）制备悬液：将筛孔直径为0.1mm的小铜筛放在漏斗上，一起放在1000mL沉降筒上，将冷却的三角瓶中的悬液通过0.1mm筛子，用带橡皮头的玻棒轻轻洗擦筛上颗粒，并用蒸馏水或软水冲洗，使＜0.1mm的土粒全部进入沉降筒，至筛下流出清液为止。【注意】洗入沉降筒的悬液总量不能超过1000mL。

将盛有土液的沉降筒用蒸馏水或软水定容至1000mL，放置于温度变化小的室内平整桌面上，排列整齐，编号填入记录表，并准备比重计、秒表（或闹钟）、温度计（±0.1℃）等。

（4）测定悬液比重：将盛有悬液的沉降筒置于昼夜温度变化较小的平稳实验桌面上，测定悬液温度。用搅拌棒搅拌悬液1min（上下各约30次），记录开始时间，按表3-4中所列温度、时间和粒径的关系，根据所测液温和待测的粒级最大直径值，选定测比重计读数的时间，提前将比重计轻轻放入悬液中。到了选定时间即测记比重计读数，将读数进行必要的校正后即代表直径小于所选定的毫米数的颗粒累积含量。

按照上述步骤，可分别测出＜0.05mm、＜0.01mm、＜0.005mm、＜0.001mm等各级土粒的比重计读数。

表3-4　小于某粒径颗粒沉降时间表

温度/℃	＜0.05mm			＜0.01mm			＜0.005mm			＜0.001mm		
	时	分	秒	时	分	秒	时	分	秒	时	分	秒
4		1	32		43		2	55		48		
5		1	30		42		2	50		48		
6		1	25		40		2	50		48		
7		1	23		38		2	45		48		
8		1	20		37		2	40		48		
9		1	18		36		2	30		48		
10		1	18		35		2	25		48		
11		1	15		34		2	25		48		
12		1	12		33		2	20		48		
13		1	10		32		2	15		48		
14		1	10		31		2	15		48		
15		1	18		30		2	15		48		

续表

温度/℃	<0.05mm			<0.01mm			<0.005mm			<0.001mm		
	时	分	秒	时	分	秒	时	分	秒	时	分	秒
16		1	6		29		2	5		48		
17		1	5		28		2	0		48		
18		1	2		27	30	1	55		48		
19		1	0		27		1	55		48		
20			58		26		1	50		48		
21			56		26		1	50		48		
22			55		25		1	50		48		
23			54		24	30	1	45		48		
24			54		24		1	45		48		
25			53		23	30	1	40		48		
26			51		23		1	35		48		
27			50		22		1	30		48		
28			48		21	30	1	30		48		
29			46		21		1	30		48		
30			45		20		1	28		48		
31			45		19	30	1	25		48		
32			45		19		1	25		48		
33			44		19		1	20		48		
34			44		18	30	1	20		48		
35			42		18		1	20		48		
36			42		17		1	15		48		
37			40		17	30	1	15		48		
38			38		17	30	1	15		48		

（5）将留在小铜筛上的>0.1mL 砾砂粒移入铝盒内，倾去上部清液，烘干称重并计算百分数，依次用 1mm、0.5mm 和 0.25mm 孔径的土壤筛筛分 1～3mm、0.5～1mm、0.25～0.5mm 和 0.1～0.25mm 砾石或砂粒，分别称重并计算百分数。

3. 结果计算

（1）将风干土样重换算成烘干土样重：

$$烘干土样重（g）=\frac{风干土样重（g）}{吸湿水（\%）+100}\times 100$$

（2）对比重计读数进行必要的校正：

校正值=分散剂校正值+温度校正值

其中，分散剂校正值=加入分散剂的毫升数×分散剂的当量浓度×分散剂毫克当量重量（mg）×10^{-3}（g/L），温度校正值查表 3-5。

$$校正后读数=原读数-校正值$$

表 3-5　甲种比重计温度校正表

温度/℃	校正值	温度/℃	校正值	温度/℃	校正值	温度/℃	校正值
6.0～8.5	–2.2	16.5	–0.9	22.5	+0.8	28.5	+3.1
9.0～9.5	–2.1	17.0	–0.8	23.0	+0.9	29.0	+3.3
10.0～10.5	–2.0	17.5	–0.7	23.5	+1.1	29.5	+3.5
11.0	–1.9	18.0	–0.5	24.0	+1.3	30.0	+3.7
11.5～12.0	–1.8	18.5	–0.4	24.5	+1.5	30.5	+3.8
12.0	–1.7	19.0	–0.3	25.0	+1.7	31.0	+4.0
13.0	–1.6	19.5	–0.1	25.5	+1.9	31.5	+4.2
13.5	–1.5	20.0	0	26.0	+2.1	32.0	+4.6
14.0～14.5	–1.4	20.5	+0.15	26.5	+2.2	32.5	+4.9
15.0	–1.2	21.0	+0.3	27.0	+2.5	33.0	+5.2
15.5	–1.1	21.5	+0.45	27.5	+2.6	33.5	+5.5
16.0	–1.0	22.0	+0.6	28.0	+2.9	34.0	+5.8

（3）小于某粒径土粒含量：

$$小于某粒径土粒含量（\%）=\frac{校正后读数}{烘干土样重}\times 100$$

（4）大于 0.1mm 粒径土粒含量：

$$大于0.1\text{mm}粒径土粒含量（\%）=\frac{>0.1\text{mm}颗粒烘干重}{烘干土样重}\times 100$$

（5）将相邻两粒径的土粒含量百分数相减，即为该两粒径范围的粒级百分含量。

（6）根据<0.01mm 土粒的百分比，查卡钦斯基土壤质地分类表（表 3-6），确定土壤质地名称。

表 3-6　卡钦斯基土壤质地分类表（草原土类及红黄壤）

<0.01mm 土粒的含量/%	土壤质地	<0.01mm 土粒的含量/%	土壤质地
0～5	松砂土	45～60	重壤土
5～10	紧砂土	60～75	轻黏土
10～20	砂壤土	75～85	中黏土
20～30	轻壤土	85～100	重黏土
30～45	中壤土		

3.2.2 土壤质地手测法（野外快速测定）

根据各粒级颗粒具有不同的可塑性和黏结性估测土壤质地类型。砂粒粗糙，无黏结性和可塑性；粉粒光滑如粉，黏结性与可塑性微弱；黏粒细腻，表现出较强的黏结性和可塑性。不同质地的土壤，各粒级颗粒的含量不同，表现出粗细程度与黏结性和可塑性的差异。

操作时，取少量（约 2g）土样于手中，加水湿润，同时充分搓揉，使土壤吸水均匀（加水量控制在土样刚好不黏手为止）。然后按表 3-7 的规格确定土壤质地类型。

表 3-7 田间土壤质地鉴定规格

质地名称	土壤干燥状态	干土用手研磨时的感觉	湿润土用手指搓捏时的成形性	放大镜或肉眼观察
砂土	散碎	几乎全是砂粒，极粗糙	不成细条，也不成球，搓时土粒自散于手中	主要为砂粒
砂壤土	疏松	砂粒占优势，有少许粉粒	能成土球，不能成条（破碎为大小不同的碎段）	砂粒为主，杂有粉粒
轻壤土	稍紧，易压碎	粗细不一的粉末，粗的较多，粗糙	略有可塑性，可搓成粗 3mm 的小土条，但水平拿起易碎断	主要为粉粒
中壤土	紧密，用力方可压碎	粗细不一的粉末，稍感粗糙	有可塑性，可成 3mm 的小土条，但弯曲成 2～3cm 小圈时出现裂纹	主要为粉粒
重壤土	更紧密，用手不能压碎	粗细不一的粉末，细的较多，略有粗糙感	可塑性明显，可搓成 1～2mm 的小土条，能弯曲成直径 2cm 的小圈而无裂纹，压扁时有裂纹	主要为粉粒，杂有黏粒
黏土	很紧密，不易敲碎	细而均一的粉末，有滑感	可塑性、黏结性均强，搓成 1～2mm 的土条，弯成的小圆圈压扁时无裂纹	主要为黏粒

3.3 土壤容重和孔隙度的测算

3.3.1 土壤容重的测定

土壤容重（ρ_b）是指土壤在自然结构的状况下，单位体积土壤的烘干重，以 g/cm^3 来表示。土壤容重也称干容重，又称土壤密度。但严格意义上的土壤密度（ρ_s）的含意是土壤干物质的质量与总容积之比：

$$\rho_s = \frac{m_s}{V_t} = \frac{m_s}{V_s + V_w + V_a}$$

总容积 V_t 包括基质和孔隙的容积，大于 V_s（图 3-1），因而 ρ_b 必然小于 ρ_s。若土壤孔隙 V_f 占土壤总容量 V_t 的一半，则 ρ_b 为 ρ_s 的一半，约为 1.30～1.35g/cm^3 左右。压实的砂土 ρ_b 可高达 1.60g/cm^3。不过即使最紧实的土壤 ρ_b 也显著低于 ρ_s，因为土粒不可能将全部孔隙堵实，土壤基质仍保持多孔体的特征。松散的土壤，如有团粒结构的土壤或耕翻耙碎的表土，ρ_b 可低至 1.00～1.10g/cm^3。泥炭土和膨胀的黏土，ρ_b 也低。所以 ρ_b 可以作为表示土壤松紧程度的一项尺度。

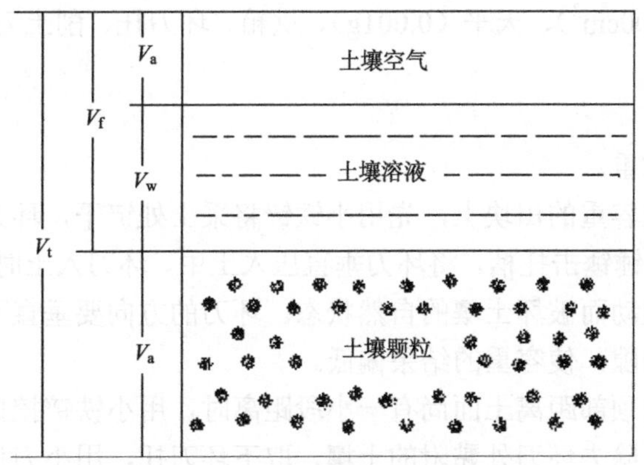

图 3-1　土壤三相物质比例示意图

土壤容重和孔性与土壤质地、结构、有机质含量、土壤紧实度、耕作措施等有关。它是衡量土壤组成、土壤颗粒间排列、通气透水和保肥性能等的一项重要的基本性质。土壤容重越小，表明土壤结构、土壤透气透水性能越好。土壤越疏松多孔，容重越小，土壤越紧实，容重越大。黏质土的容重（1.0～1.5g/cm^3）小于砂质土（1.2～1.8g/cm^3）；有机质含量高、结构性好的土壤容重小；耕作可降低土壤容重。土壤容重是计算土壤水分总储存量、土壤有效水分储存量以及土壤体积含水率的换算常数，其数值可以用来计算土壤总孔隙度，空气含量和每亩地一定深度的耕层中的土壤重量等。

测定土壤容重通常用环刀法。此外，还有蜡封法、水银排出法、填砂法和射线法（双放射源）等。蜡封法和水银排出法主要测定一些呈不规则形状的坚硬和易碎土壤的容重。填砂法比较复杂费时，除非是石质土壤，一般大量测定都不采用此法。射线法需要特殊仪器和防护设施，不易广泛使用。本实验介绍环刀法，要求掌握测定土壤容重的环刀法以及容重和土壤孔性的计算，了解容重和土壤孔性之间的相互关系。

采用环刀法时，用一定容积的环刀（一般为 100cm^3）切割未搅动的自然状态土样，使土样充满其中，烘干后称量计算单位容积的烘干土重量（图 3-2）。本法适用于一般土壤，对坚硬和易碎的土壤不适用。

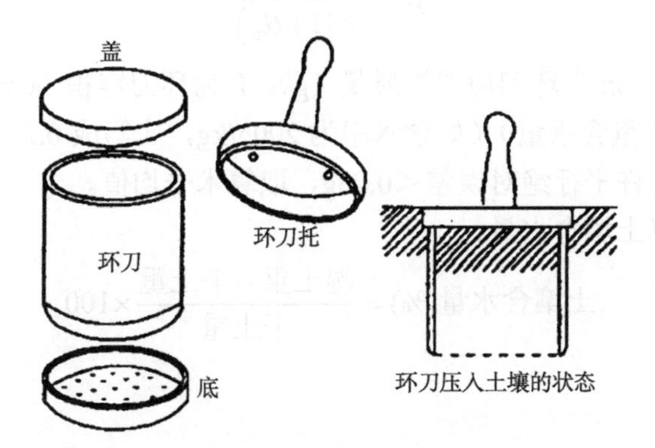

图 3-2　环刀法测定土壤容重

1. 基本仪器设备

环刀（容积为 $100cm^3$）、天平（0.001g）、烘箱、环刀托、削土刀、钢丝锯、干燥器。

2. 操作步骤

（1）先将环刀称重。

（2）在需要测定容重的田块上，先用小铁铲将采土处铲平，环刀的刃口向下，上端套一个环刀托，用小锤锤击托柄，将环刀垂直压入土中。环刀入土时要平稳，用力一致，不能过猛，以免受震动而破坏土壤的自然状态。环刀的方向要垂直不能倾斜，避免环刀与其中的土壤产生间隙，使容重的结果偏低。

（3）当环刀托的顶部距离土面尚有一小段距离时，用小铁铲挖掘周围的土壤，将整个环刀从土中取出，除去环刀外黏附的土壤，取下环刀托，用小刀仔细地削去环刀两端多余的土壤，使环刀内的土壤体积与环刀容积相等，立即称重并记录，也可加上底、盖，带回室内称重。

若按土壤剖面的层次测定容重，每层土壤应不少于三个重复，在田间测定容重一般应有 5～10 个重复，取其平均值。

（4）测定土壤含水量：环刀内取出两份土壤，每份约 10g，分别置于已知重量的铝盒中称重，测定土壤含水量，测定方法与土壤吸湿水的测定相同。

土壤含水量也可用酒精燃烧速测法测定，此方法是借酒精燃烧时所产生的热来蒸干水分。第一次加入酒精 6～8mL，均匀地浸润铝盒中的土样，点燃酒精，待燃烧快尽时，用小刀沿铝盒周围向中心轻轻拨动土样，并来回翻拨，助其燃烧均匀。第二次加酒精 4～5mL，继续燃烧。如土质黏重或含水量高，可再加酒精 2mL 进行第三次燃烧，直至土样呈松散状态为止。在拨土时黏附在刀尖上的土粒，称重前要仔细地放回铝盒中，盖紧铝盒盖，冷却后称重。

3. 结果计算

（1）土壤容重的计算：

$$\rho_b = \frac{m}{V(1+\theta_m)}$$

式中，ρ_b 为土壤容重；m 为环刀内湿样质量（g）；V 为环刀容积（cm^3），一般为 $100cm^3$；θ_m 为样品含水量（质量含水量）（如含水率为 200g/kg，应写成 0.2）。

测定过程中，允许平行绝对误差＜0.03g，取算术平均值。

（2）按下式计算土壤含水量：

$$土壤含水量(\%) = \frac{湿土重 - 干土重}{干土重} \times 100$$

3.3.2　毛管孔隙度的测定

土壤中，各种形状、大小及粗细的土粒集合排列成一定的固相骨架，这些固相骨架内部有大小和形状不同的孔隙，构成土壤中复杂的孔隙系统。全部孔隙容积占土体容积的百分率，称为土壤孔隙度。自然状况下，水和空气共存并充满于土壤孔隙系统。孔隙度反映土壤孔隙状况和松紧程度，一般粗砂土孔隙度约 33%～35%，其中大孔隙较多；黏质土孔隙度约为 45%～60%，其中多为小孔隙；壤土的孔隙度约有 55%～65%，其中的大、小孔隙比例基本相当。

毛管孔隙又称小孔隙，是具有明显毛管作用的孔隙，其孔隙直径一般小于 0.1mm，一般因为土粒小、排列紧密而形成。毛管孔隙占土壤体积的百分比，称为毛管孔隙度。毛管孔隙越小，毛管力越大，吸水力也就越强。毛管孔隙是土壤水分储存和水分运动相当强烈的区域，因此也常被称为“土壤持水孔隙”。毛管孔隙的数量取决于土壤质地、结构等条件。一般情况下，砂质土持水孔隙不足，不易保水；黏质土中土壤小孔隙多，持水性强，容易造成作物湿害。

土壤孔隙度一般不直接测定，可根据土壤容重和比重计算而得。

1. 仪器设备

天平（感量 0.1g 和 0.01g 各一架）、容重采土器、烘箱、削土刀、铝盒、干燥器、搪瓷托盘等。

2. 操作步骤

（1）在室内用 1/100 天平称铝盒重，同时测定取土筒的容积，称取土筒的重量。

（2）样品的采集与土壤容重的测定相同，应尽量避免破坏原状土的结构，有时也可和测定容重结合起来取土测定土壤毛管孔隙度。

（3）将盛土的取土筒的一端（筒内土壤已削平）先以滤纸包住，再包一层砂布，然后用橡皮筋扎紧，以此端为底放入搪瓷托盘内铺沙加水制成的吸水盘内，使之吸水。

（4）经过一天后，从吸水盘中取出盛土的取土筒，称重，以后每隔一天称一次，直至恒重（两次称量之差小于 0.2g），此时表示土壤毛细管已被水分饱和。

（5）取土筒内的土样吸水膨胀后，用削土刀削去胀到筒口外面的土样，去掉滤纸等物并立即称重，准确至 0.1g，记为 W_3。

（6）称重后，放入烘箱中烘至恒重，取出称重，记为 W_4。

3. 结果计算

（1）按下式计算土壤毛管孔隙度：

$$P_c(\%) = \frac{W_3 - W_4}{V} \times 100$$

式中，P_c 为壤毛管孔隙度（%）；V 为取土筒容积（cm^3）；W_3 为取土筒内湿样重（g）；W_4 为取土筒内烘干土重（g）。

（2）此法进行 3～4 次平行测定，重复间误差不得大于 1%，取算术平均值。

4. 土壤孔性的计算

（1）土壤总孔隙度：

$$P_t(\%)=\left(1-\frac{D}{d}\right)\times 100$$

式中，P_t为总孔隙度（%）；D为土壤容重（g/cm^3）；d为土壤比重（g/cm^3，一般取 2.65 计算）。

在没有比重值或不用比重值的情况下，也有直接用容重，通过经验公式算出土壤总孔隙度的，其经验公式为

$$P_t（\%）=93.947-32.995D$$

（2）土壤非毛管孔隙度：

$$P_n（\%）=P_t（\%）-P_c（\%）$$

式中，P_n为土壤非毛管孔隙度（%）。

（3）土壤三相比：

以该土壤达到毛管持水量时的情况计算土壤的三相比。

$$Z=m:W:(P_t-W)$$

式中，Z为土壤三相比；m为单位容积中固相部分所占百分数（%）=1–P_t（%）；W为土壤含水率，以容积百分数（%）表示；（P_t–W）为土壤空气容量，以容积百分数（%）表示。

（4）土壤孔隙比：

$$\sum=\frac{P_t(\%)}{1-P_t(\%)}$$

式中，$\sum$为土壤孔隙比（即土壤孔隙与固体部分间的体积比）。

5. 思考

（1）土壤含水量对容重测定有什么影响？容重数值本身有哪些用途？

（2）假设土壤的比重是 2.65g/cm^3，那么此土壤的孔隙度是多少？一亩耕层土壤（耕层深度 20cm）有多重？要使此土壤孔隙度达到 50%，应疏松还是应压紧？

3.4　土壤结构性状与土壤团聚体组成的测定

土壤的结构状况是鉴定土壤肥力的指标之一，它对土壤中水分、空气、养分、温度状况以及土壤的耕作栽培都有一定的调节作用，具有一定的生产意义。土壤结构性状通常是通过测定土壤团聚体来鉴别的。

3.4.1　土壤结构的类型

土壤颗粒往往不是分散单独存在，而是以不同原因相互团聚成大小、形状和性质不

同的土团、土块或土片，称为土壤结构。土壤结构体实际上是土壤颗粒按照不同的排列方式堆积、复合而形成的土壤团聚体。不同的排列方式往往形成不同的结构体。土壤结构影响土壤孔性，从而影响土壤水、气、肥状况和土壤耕性。鉴定土壤结构是观察土壤剖面的一个重要项目，也是分析土壤肥力的一项指标。常见的土壤结构划分见表3-8。

表3-8 土壤结构类型及大小的区分标准

类 型	形 状	结构单位	大 小
1. 结构体沿长、宽、高三轴平衡发育	1. 块状：棱角不明显，形状不规则；界面与棱角不明显		直径
		大块状结构	>100mm
		小块状结构	100～50mm
	2. 团块状：棱面不明显，形状不规则略呈圆形，表面不平	大团块结构	50～30mm
		团块状结构	30～10mm
		小团块结构	<10mm
	3. 核状：形状大致规则，有时呈圆形	大核状结构	>10mm
		核状结构	10～7mm
		小核状结构	7～5mm
	4. 粒状：形状大致规则，有时呈圆形	大粒状结构	5～3mm
		粒状结构	3～1.5mm
		小粒状结构	1～1.5mm
2. 结构体沿垂直轴发育	5. 柱状：形状规则，明显的光滑垂直侧面，横断面形状不规则		横断面直径
		大柱状结构	>50mm
		柱状结构	50～30mm
		小柱状结构	<30mm
	6. 棱柱状：表面平整光滑，棱角尖锐，横断面略呈三角形	大棱状结构	>50mm
		棱状结构	50～30mm
		小棱状结构	<30mm
3. 结构体沿水平轴发育	7. 片状：有水平发育的节理平面		厚度
		板状结构	>3mm
		片状结构	<3mm
	8. 鳞片状：结构体小，局部有弯曲的节理平面	鳞片状结构	
	9. 透镜状：结构上、下部均为球面	透镜状结构	

3.4.2 土壤结构的观测

1. 仪器设备

（1）沉降筒（1000mL）、水桶（直径33cm，高43cm）。

（2）土壤筛一套（直径20cm，高5cm），并附有铁夹子。

（3）天平（0.01g）、铝盒、烘箱、电热板、干燥器等。

2. 样品的采集和处理

田间采样要注意土壤不宜过干或过湿，最好在土不沾锹，经接触也不易变形时采取。采样要有代表性，采样深度可根据需要而定，一般耕作层分两层采取。采样时，要注意土块不要受到挤压，尽量保持其原来的结构状态，最好采取一整块土壤，削去土块表面直接与土锹接触而已变形的部分，均匀地取内部未变形的土样（约 2kg），置于封闭的木盘或白铁盒内，带回室内。

在室内，将土块沿自然结构轻轻地剥成直径 10～12mm 的小样块，弃去粗根和小石块。剥样时应避免土壤受机械压力而变形，然后将样品风干 2～3d，至样品变干为止。

3. 土壤结构形状的观察

在野外观察土壤结构时，必须挖出一大块土体，用手顺其结构之间的裂隙轻轻掰开，或轻轻摔于地上，使结构体自然散开，然后观察结构体的形状、大小，与表 3-8 对照，确定结构体类型。再用放大镜观察结构体表面有无黏粒或铁锰淀积形成的胶膜，并观察结构体的聚集形态和孔隙状况。观察完后用手指轻压结构体，看其散开后的内部形状或压碎的难易程度，也可将结构体浸泡于水中，观察其散碎的难易程度和散碎的时间，以了解结构体的水稳性。

4. 土壤团聚体组成的测定

1）干筛

将剥样风干后的小样块，通过孔径依次为 10mm、7mm、5mm、3mm、2mm、1mm、0.5mm、0.25mm 的筛组进行干筛。筛完后，将各级筛子上的样品分别称重（精确到 0.01g），计算各级干筛团聚体的百分含量和＜0.25mm 的团聚体的百分含量，记载于分析结构表内。

2）湿筛

（1）根据干筛法求得的各级团聚体的百分含量，把干筛分取的风干样品按比例配成 50g（不把<0.25mm 的团聚体倒入湿筛样品内，以防在湿筛时堵塞筛孔，但在计算中需计算这一数值）。

（2）将上述按比例配好的 50g 样品倒入 1000mL 沉降筒中，沿筒壁慢慢加水，使水由下部逐渐湿润至表层，直至全部土样达到水分饱和状态，让样品在水中浸泡 10min，排除土壤团聚体内部以及团聚体间的全部空气，以免封闭空气破坏团聚体。

（3）样品达到水分饱和后，用水沿沉降筒壁灌满，并用橡皮塞塞住筒口，数秒钟内把沉降筒颠倒过来，直至筒中样品完全沉下去，然后再把沉降筒倒转过来，至样品全部沉到筒底，这样重复倒转 10 次。

（4）将一套孔径为 5mm、3mm、2mm、1mm、0.5mm、0.25mm 的筛子，用白铁（或其他金属）薄板夹住，放入盛有水的木桶中，桶内的水层应该比上面筛子的边缘高出 8～10cm。

（5）将塞好的沉降筒倒置于水桶内的一套筛子上，拔去塞子，并将沉降筒在筛上（不接触筛底）的水中缓缓移动，使团粒均匀散落在筛子上。当大于 0.25mm 的团聚体全部沉到筛子上后，即经过 50～60s 后塞上塞子，取出沉降筒。

（6）将筛组在水中慢慢提起（提起时勿使样品露出水面）然后迅速下降，距离为 3～4cm，静候 2～3min，直至上升的团聚体沉到筛底为止，如此上下重复 10 次。然后，取出上面两个筛子，再将下面的筛子如前上下重复 5 次，以洗净其中各筛的水稳性团聚体。最后，从水中取出筛子。

（7）将筛组分开，留在各级筛子上的样品用水洗入铝盒中，倾去上部清液，烘干称重（精确到 0.01g），即为各级水稳性团聚体重量，然后计算各级团聚体含量百分数。

5. 结果计算

（1）各级团聚体含量：

$$\text{各级团聚体含量（\%）}=\frac{\text{各级团聚体的烘干重（g）}}{\text{烘干样品重（g）}}\times 100$$

（2）各级团聚体百分比的总和为总团聚体百分比。

（3）各级团聚体占总团聚体的百分比：

$$\text{各级团聚体占总团聚体的百分比（\%）}=\frac{\text{各级团聚体百分比（\%）}}{\text{总团聚体的百分比（\%）}}\times 100$$

（4）总团聚体占土样的百分比：

$$\text{总团聚体占土样的百分比（\%）}=\frac{\text{总团聚体的烘干重（g）}}{\text{烘干样品重（g）}}\times 100$$

（5）进行 2～3 次平行实验，平行实验绝对误差应不超过 4%[土壤中＞0.25mm 的颗粒（粗砂、石砾等）会影响团聚体分析结果，应从各粒级重量中减去]。

（6）将分析结果填入表 3-9。

表 3-9　土壤团聚体分析结果

样品编号	各级团聚体含量百分数/%																	
	>10mm		10～7mm		7～5mm		5～3mm		3～2mm		2～1mm		1～0.5mm		0.5～0.25mm		<0.25mm	
	干筛	湿筛	干筛	湿筛	干筛	湿筛	干筛	湿筛	干筛	湿筛	干筛	湿筛	干筛	湿筛	干筛	湿筛	干筛	湿筛

3.4.3　土壤团聚体快速测定方法

有时为了快速测定水稳性和非水稳性团粒的数量，可以采用以下方法：取九个直径为 150mm 的培养皿（内垫同样大小的滤纸）顺序排列，贴上标签，分别将已过干筛的各级团聚体各任选 50 粒，放于皿中的滤纸上，用胶头滴管加水（加水时要注意适量），直到滤纸上出现亮水膜为止。开始记下时间，20min 后，计算破碎的土粒占所放土粒的百分数，此数即为非水稳性团聚体的含量。将其乘以原来干筛后计算出的该粒级含量，则得实际非水稳性团聚体含量。

将各级团聚体的总含量减去各级实际非水稳性团聚体含量即为各级水稳性团聚体含量。

3.5 土壤有机质的测定（重铬酸钾容量法-外加热法）

土壤有机质既是植物矿质营养和有机营养的源泉，又是土壤中异养型微生物的能源物质，同时也是形成土壤结构的重要因素。测定土壤有机质含量的多少，在一定程度上可说明土壤的肥沃程度，因为土壤有机质直接影响着土壤的理化性状。土壤有机质的组成很复杂，包括三类物质：①分解很少，仍保持原来形态学特征的动植物残体；②动植物残体的半分解产物及微生物代谢产物；③有机质的分解和合成而形成的较稳定的高分子化合物——腐殖酸类物质。分析测定土壤有机质含量，实际包括了上述全部②、③两类及第①类的一部分有机物质，以此来说明土壤肥力特性是合适的。因为从土壤肥力角度来看，上述有机质三个组成部分在土壤理化性质和肥力特性上，都起到重要作用。

在外加热的条件下（油浴的温度为180℃，沸腾5min），用一定浓度的重铬酸钾-硫酸溶液氧化土壤有机质（碳），剩余的重铬酸钾用硫酸亚铁来滴定，从所消耗的重铬酸钾量计算有机碳的含量。本方法测得的结果与干烧法对比，只能氧化90%的有机碳，因此将测得的有机碳乘以校正系数1.1，以计算有机碳量。在氧化滴定过程中化学反应如下：

$$2K_2Cr_2O_7+3C+8H_2SO_4 \longrightarrow 2K_2SO_4+2Cr_2(SO_4)_3+3CO_2\uparrow+8H_2O$$

$$K_2Cr_2O_7+6FeSO_4+7H_2SO_4 \longrightarrow K_2SO_4+Cr_2(SO_4)_3+3Fe_2(SO_4)_3+7H_2O$$

1. 仪器设备与试剂

1）仪器设备

电子天平、油浴锅、铁丝笼（消煮时插试管用）、可调温电炉、温度计（0～360℃）、滴定台、硬质试管等玻璃器皿。

2）试剂

（1）0.8000mol/L（$1/6K_2Cr_2O_7$）标准溶液：称取经130℃烘干的重铬酸钾（$K_2Cr_2O_7$，分析纯）39.2245g溶于水中，定容于1000mL容量瓶中。

（2）H_2SO_4：浓硫酸（分析纯）。

（3）0.2mol/L $FeSO_4$溶液：称取硫酸亚铁（$FeSO_4\cdot 7H_2O$，分析纯）56.0g溶于水中，加浓硫酸5mL，稀释至1L。

（4）邻菲咯啉指示剂：称取邻菲咯啉（分析纯）1.485g与$FeSO_4\cdot 7H_2O$ 0.695g，溶于100mL水中。贮于棕色滴瓶中（此指示剂以临用时配制为好）。

（5）硫酸银（Ag_2SO_4，分析纯），研成粉末。

（6）二氧化硅（SiO_2，分析纯），粉末状。

2. 操作步骤

（1）称取过 100 目筛的风干土样 0.1～1g（精确到 0.0001g），放入一干燥的硬质试管中；另分别取 0.500g 粉状二氧化硅代替土样装入 2～3 支试管中，用作 2～3 个空白实验。在每支试管中，用移液管加入 0.8000mol/L（$1/6K_2Cr_2O_7$）标准溶液 5mL（如果土壤中含有氯化物需先加入 Ag_2SO_4 0.1g），用注射器加入浓硫酸 5mL，充分摇匀，管口盖上弯颈小漏斗，以冷凝蒸出水汽。

（2）预先将液体石蜡油浴锅加热至 185～190℃，将试管放入铁丝笼中，然后将铁丝笼放入油浴锅中加热，放入后温度应控制在 170～180℃，待试管中液体沸腾产生气泡时开始计时，煮沸 5min，取出试管，稍冷，擦净试管外部油液。

（3）冷却后，将试管内容物小心仔细地全部洗入 250mL 的三角瓶中，使瓶内总体积在 60～70mL，保持其中硫酸浓度为 1～1.5mol/L，此时溶液的颜色应为橙黄色或淡黄色。然后加邻菲咯啉指示剂 3～4 滴，用 0.2mol/L 的标准硫酸亚铁溶液滴定，溶液由橙黄色经过绿色、淡绿色突变为棕红色即为终点。记录 $FeSO_4$ 滴定的毫升数。

3. 结果计算

$$土壤有机碳（g/kg）=\frac{\frac{c\times 5}{V_0}\times\left(V_0-V\right)\times 10^{-3}\times 3.0\times 1.1}{m\times k}\times 1000$$

$$土壤有机质（g/kg）=土壤有机碳（g/kg）\times 1.724$$

式中，c 为 0.8000mol/L（$1/6K_2Cr_2O_7$）标准溶液的浓度；5 为 0.8000mol/L（$1/6K_2Cr_2O_7$）标准溶液加入的体积（mL）；V_0 为空白滴定用去 0.2mol/L $FeSO_4$ 溶液的体积（mL）；V 为样品滴定用去 0.2mol/L $FeSO_4$ 溶液的体积（mL）；3.0 为 1/4 碳原子的摩尔质量（g/mol）；10^{-3} 为将 mL 换算为 L 的系数；1.1 为氧化校正系数；m 为风干土样质量（g）；k 为将风干土样换算成烘干土的系数；1000 为换算成每千克含量。

4. 注意事项

（1）根据样品有机质含量确定称样量。有机质含量大于 50g/kg 的土样称 0.1g，有机质含为 20～50g/kg 的称 0.3g，有机质含为少于 20g/kg 的可称 0.5g 以上。

（2）消化煮沸时，必须严格控制时间和温度。

（3）最好用液体石蜡或磷酸浴代替植物油，以保证结果准确。磷酸浴需用玻璃容器。

（4）对含有氯化物的样品，可加少量硫酸银除去其影响。对于石灰性土样，须慢慢加入浓硫酸，以防由于碳酸钙的分解而引起剧烈发泡。对水稻土和长期渍水的土壤，必须预先磨细，在通风干燥处摊成薄层，风干 10d 左右。

（5）一般滴定时消耗的 0.2mol/L $FeSO_4$ 溶液的量不小于空白用量的 1/3，否则，氧化不完全，应弃去重做。消煮后溶液以绿色为主，说明 0.8000mol/L（$1/6K_2Cr_2O_7$）标准溶液用量不足，应减少样品量重做。

3.6 土壤中氮（全氮和有效氮）的测定

土壤氮的主要分析项目有土壤全氮量和有效氮量。全氮量通常用于衡量土壤氮素的基础肥力，而土壤有效氮量与作物生长关系密切，因此，它在推荐施肥时意义更大。土壤全氮量变化较小，通常用凯氏法或根据凯氏法组装的自动定氮仪测定，测定结果稳定可靠。土壤有效氮包括无机的矿物态氮和部分有机质中易分解的、比较简单的有机态氮。它是铵态氮、硝态氮、氨基酸、酰胺和易水解的蛋白质氮的总和，通常也称水解氮。一般认为用碱解扩散法测定土壤水解氮较为理想，它不仅能测出土壤中的氮的供应强度，还能反映氮的供应容量和释放效率，对于了解土壤肥力状况，指导合理施肥具有一定的实际意义。

3.6.1 土壤全氮的测定（半微量凯氏法）

土壤样品在加速剂的参与下，用浓硫酸消煮时，各种含氮有机物经过复杂的高温分解反应，转化为氨与硫酸结合成硫酸铵。碱化后蒸馏出来的氨用硼酸吸收，以标准酸溶液滴定，可以求出土壤全氮量（不包括全部硝态氮）。

包括硝态和亚硝态氮的全氮测定，在样品消煮前，需先用高锰酸钾将样品中的亚硝态氮氧化为硝态氮，再用还原铁粉使全部硝态氮还原，转化成铵态氮。

在高温下硫酸是一种强氧化剂，能氧化有机化合物中的碳，生成 CO_2，从而分解有机质。

$$2H_2SO_4+C \longrightarrow 2H_2O+2SO_2\uparrow+CO_2\uparrow \text{（高温条件下）}$$

样品中的含氮有机化合物，如蛋白质在浓 H_2SO_4 的作用下，水解成为氨基酸，氨基酸又在 H_2SO_4 的脱氨作用下，还原成氨，氨与 H_2SO_4 结合成为硫酸铵留在溶液中。

当土壤中有机质分解完毕，碳质被氧化后，消煮液则呈现清澈的蓝绿色即“清亮”，因此硫酸铜不仅起催化作用，也起指示作用。同时应该注意凯氏法中消煮液清亮并不表示所有的氮均已转化为铵，有机杂环态氮还未完全转化为铵态氮，因此消煮液清亮后仍需消煮一段时间，这个过程叫“后煮”。

消煮液中硫酸铵加碱蒸馏，使氨逸出，用硼酸吸收，然后用标准酸液滴定。

蒸馏过程的反应：$(NH_4)_2SO_4+2NaOH \longrightarrow Na_2SO_4+2NH_3+2H_2O$

$$NH_3+H_2O \longrightarrow NH_4OH$$

$$NH_4OH+H_3BO_3 \longrightarrow NH_4\cdot H_2BO_3+H_2O$$

滴定过程的反应：$2NH_4\cdot H_2BO_3+H_2SO_4 \longrightarrow (NH_4)_2SO_4+2H_3BO_3$

1. 仪器设备与试剂

1）仪器设备

消煮炉、半微量定氮蒸馏装置、玻璃器皿等。

2）试剂

（1）硫酸：ρ=1.84g/mL，化学纯。

（2）10mol/L NaOH溶液：称取工业用固体NaOH 420g于硬质烧杯中，加蒸馏水400mL溶解，不断搅拌，以防止烧杯底部固结，冷却后倒入塑料试剂瓶，加塞，防止吸收空气中的CO_2，放置几天待Na_2CO_3沉降后，将清液虹吸入盛有160mL无CO_2的水中，并以去CO_2的蒸馏水定容至1L，加盖橡皮塞。

（3）甲基红-溴甲酚绿混合指示剂：0.5g溴甲酚绿和0.1g甲基红溶于100mL乙醇中。

（4）20g/L H_2BO_3指示剂：20g H_2BO_3（化学纯）溶于1L水中，每升H_2BO_3溶液中加入甲基红-溴甲酚绿混合指示剂5mL，并用稀酸或稀碱调节至微紫红色，此时该溶液的pH为4.8。指示剂使用前与硼酸混合，此试剂宜现配，不宜久放。

（5）混合加速剂：K_2SO_4∶$CuSO_4$∶Se=100∶10∶1，即100g K_2SO_4（化学纯）、10g $CuSO_4·5H_2O$（化学纯）和1g Se粉混合研磨，通过80目筛充分混匀（注意戴口罩），贮于具塞瓶中。消煮时每毫升H_2SO_4加0.37g混合加速剂。

（6）0.02mol/L（1/2H_2SO_4）标准溶液：量取硫酸（化学纯、无氮、ρ=1.84g/mL）2.83mL，加水稀释至5000mL，然后用标准碱或硼砂标定。

（7）0.01mol/L（1/2H_2SO_4）标准液：将0.02mol/L（1/2H_2SO_4）标准溶液用水准确稀释一倍。

（8）高锰酸钾溶液：25g高锰酸钾（分析纯）溶于500mL去离子水，贮于棕色瓶中。

（9）1∶1硫酸：硫酸（化学纯、无氮、ρ=1.84g/mL）与等体积水混合。

（10）还原铁粉：磨细通过孔径100目筛。

（11）辛醇：适量。

2. 操作步骤

1）称样

称取过100目筛的风干土样1.0000g，同时测定土样水分含量。

2）土样消煮

（1）不包括硝态氮和亚硝态氮的消煮：将土样送入干燥的凯氏瓶（或消煮管）底部，加少量去离子水（0.5～1mL）湿润土样后，加入加速剂2g和浓硫酸5mL，摇匀，将开氏瓶倾斜置于300W变温电炉上，用小火加热，待瓶内反应缓和时（10～15min），加强火力使消煮的土液保持微沸，加热的部位不超过瓶中的液面，以防瓶壁温度过高而使铵盐受热分解，导致氮素损失。消煮的温度以硫酸蒸气在瓶颈上部1/3处冷凝回流为宜。待消煮液和土粒全部变为灰白稍带绿色后，再继续消煮1h。消煮完毕，冷却，待蒸馏。在消煮土样的同时，做两份空白测定，除不加土样外，其他操作皆与测定土样相同。

（2）包括硝态氮和亚硝态氮的消煮：将土样送入干燥的开氏瓶（或消煮管）底部，加高锰酸钾溶液1mL，摇动开氏瓶，缓缓加入1∶1硫酸2mL，不断转动开氏瓶，然后放置5min，再加入1滴辛醇。通过长颈漏斗将0.5g还原铁粉送入开氏瓶底部，瓶口盖上小漏斗，转动开氏瓶，使铁粉与酸接触，待剧烈反应停止时（约5min），将开氏瓶置于电炉上缓缓加热 45min（瓶内土液应保持微沸，以不引起大量水分丢失为宜）。停火，待开氏瓶冷却后，通过长颈漏斗加入加速剂 2g 和浓硫酸 5mL，摇匀，消煮至土液全部变为黄绿色，再继续消煮 1h。消煮完毕，冷却，待蒸馏。在消煮土样的同时，做两份空白测定。

3）氨的蒸馏

（1）蒸馏前先检查蒸馏装置是否漏气，并通过水的馏出液将管道洗净。

（2）待消煮液冷却后，用少量去离子水将消煮液定量地全部转入蒸馏器内，并用水洗涤开氏瓶 4～5 次（总用水量不超过 30～35mL）。若用半自动式定氮仪，则不需要转移，可直接将消煮管放入定氮仪中蒸馏。于 150mL 锥形瓶中，加入 20g/L H_2BO_3 指示剂 5mL，放在冷凝管末端，管口置于硼酸液面以上 3～4cm 处。然后向蒸馏室内缓缓加入 10mol/L NaOH 溶液 20mL，通入蒸汽蒸馏，待馏出液体积约 50mL 时，即蒸馏完毕。用少量已调节至 pH=4.5 的水洗涤冷凝管的末端。

4）滴定

用 0.01mol/L（$1/2H_2SO_4$）标准液滴定至馏出液由蓝绿色刚变为红色。记录所用酸标准溶液的体积（mL）。空白测定所用酸标准溶液的体积一般不得超过 0.4mL。

3. 结果计算

$$\text{土壤全氮含量（g/kg）}=\frac{(V-V_0)\times c\times 14.0\times 10^{-3}}{m}\times 1000$$

式中，V 为滴定试液时所用酸标准溶液的体积（mL）；V_0 为滴定空白时所用酸标准溶液的体积（mL）；c 为 0.01mol/L（$1/2H_2SO_4$）的浓度值，取 0.01；14.0 为氮原子的摩尔质量（g/mol）；10^{-3} 为将 mL 换算为 L 的系数；m 为烘干土样的质量（g）；1000 为换算成每千克含氮量的系数。

两次平行测定结果允许绝对相差：土壤全氮含量大于 1.0g/kg 时，不得超过 0.005%；含氮 0.6～1.0g/kg 时，不得超过 0.004%；含氮小于 0.6g/kg 时，不得超过 0.003%。

两次平行测定结果允许绝对相差：土壤全氮含量大于 0.1%时，不得超过 0.005%；含氮 0.06%～0.1%时，不得超过 0.004%；含氮小于 0.06%时，不得超过 0.003%。

4. 注意事项

（1）一般应使样品中含氮量为 1.0～2.0mg，如果土壤含氮量在 2g/kg 以下，应称土样 1g；含氮量为 2.0～4.0g/kg，应称土样 0.5～1.0g；含氮量在 4.0g/kg 以上，应称土样 0.5g。

（2）开氏法测定全氮样品必须磨细通过 100 目筛，以使有机质能充分被氧化分解，对于黏质土壤样品，在消煮前须先加水湿润使土粒和有机质分散，以提高氮的测定效果。但对于砂质土壤样品，用水湿润与否并没有显著差别。

（3）硼酸的浓度和用量以能满足吸收 NH_3 为宜，大致可按每毫升 10g/L H_2BO_3 能吸收氮量为 0.46mg 计算。例如，5mL 20g/L H_2BO_3 溶液最多可吸收的氮量为 5×2×0.46=4.6mg。因此，可根据消煮液中的含氮量估计硼酸的用量，适当多加。

（4）在半微量蒸馏中，冷凝管口不必插入硼酸液中，这样可防止倒吸以减少洗涤手续。但在常量蒸馏中，由于含氮量较高，冷凝管必须插入硼酸溶液中，以免氮的损失。

3.6.2　土壤有效氮（水解氮）的测定（碱解扩散法）

在密封的扩散皿中，用 1.8mol/L 氢氧化钠溶液水解土壤样品，在恒温条件下使有效氮碱解转化为氨气状态，并不断地扩散逸出，由硼酸吸收，再用标准盐酸滴定，计算出土壤水解性氮的含量。旱地土壤硝态氮含量较高，需加硫酸亚铁使之还原成铵态氮。由于硫酸亚铁本身会中和部分氢氧化钠，故需提高碱的浓度到 1.8mol/L，使水解过程中能够保持 1.2mol/L 的碱浓度。水稻土壤中硝态氮含量极微，可以省去加硫酸亚铁的步骤，直接用 1.2mol/L 氢氧化钠水解。

1. 仪器设备与试剂

1）仪器设备

扩散皿、微量滴定管、电子天平、恒温箱、玻璃器皿等。

2）试剂

（1）1.8mol/L 氢氧化钠溶液：称取化学纯氢氧化钠 72g，用蒸馏水溶解后冷却定容到 1000mL。

（2）1.2mol/L 氢氧化钠溶液：称取化学纯氢氧化钠 48g，用蒸馏水溶解定容到 1000mL。

（3）2%硼酸溶液：称取 20g 硼酸，用热蒸馏水（约 60℃）溶解，冷却后稀释至 1000mL，用稀盐酸或稀氢氧化钠调节 pH 至 4.5（定氮混合指示剂显葡萄酒红色）。

（4）0.01mol/L 盐酸标准溶液：先配制 1.0mol/L 盐酸溶液，然后稀释 100 倍，用标准碱标定。

（5）定氮混合指示剂：与土壤全氮的测定配法相同。

（6）特制胶水：称取 40.0g 阿拉伯胶溶于 50mL 蒸馏水中（70～80℃，搅拌促溶），冷却后，加入甘油 20mL 和饱和碳酸钾溶液 20mL，搅拌混匀。离心除去泡沫和不溶物，清液储于具塞玻璃瓶中备用。

（7）硫酸亚铁（粉状）：将分析纯硫酸亚铁（$FeSO_4 \cdot 7H_2O$，化学纯）磨细保存于阴凉干燥处。

2. 操作步骤

（1）称取通过 18 目筛的风干样品 2g（精确到 0.001g）和 1g 硫酸亚铁粉剂，均匀铺在扩散皿外室内，水平地轻轻旋转扩散皿，使样品铺平（水稻土样品则不必加硫酸亚铁）。

（2）用吸管吸取 2%硼酸溶液 2mL，加入扩散皿内室，并滴加 1 滴定氮混合指示剂，然后在扩散皿的外室边缘涂上特制胶水，盖上毛玻璃，并旋转数次，以便毛玻璃与扩散皿边完全黏合，再慢慢转开毛玻璃的一边，使扩散皿露出一条狭缝，迅速用移液管将 10mL 1.8mol/L 氢氧化钠加入扩散皿的外室（水稻土样品则加入 10mL 1.2mol/L 氢氧化钠），立即用毛玻璃盖严。

（3）水平轻轻旋转扩散皿，使碱溶液与土壤充分混合均匀，用橡皮筋固定，贴上标签，随后放入 40℃恒温箱中。24h 后取出，再以 0.01mol/L HCl 标准溶液用微量滴定管滴定内室所吸收的氮量，溶液由蓝色滴至微红色为终点，记下盐酸用量毫升数 V。同时要做空白实验，滴定所用盐酸量为 V_0。

3. 结果计算

$$水解性氮含量（mg/kg）=\frac{c\times(V-V_0)\times 14.0}{m}\times 1000$$

式中，c 为标准盐酸的摩尔浓度；V 为滴定样品时所用去的盐酸的毫升数（mL）；V_0 为空白实验所消耗的标准盐酸的毫升数（mL）；14.0 为一个氮原子的摩尔质量（g/mol）；m 为烘干土样的质量（g）；1000 为换算成每千克含氮量的系数。

4. 注意事项

（1）滴定前首先要检查滴定管的下端是否充有气泡。若有，首先要把气泡排出。

（2）滴定时，标准酸要逐滴加入，在接近终点时，用玻璃棒从滴定管尖端蘸取少量标准酸滴入扩散皿内。

（3）特制胶水一定不能沾污到内室，否则测定结果将会偏高。

（4）扩散皿在抹有特制胶水后必须盖严，以防漏气。

3.7　土壤中磷（全磷和速效磷）的测定

土壤全磷一般不能作为当季作物供磷水平的指标，但全磷是土壤有效磷的基础，具有补给作物磷素营养的能力。因此，土壤全磷量常被视为土壤潜在肥力的一项指标。土壤有效磷是指能被当季作物吸收利用的磷素。了解土壤中速效磷供应状况，对于施肥有着直接的指导意义。在全磷含量很低的情况下，土壤中有效磷的供应也常感不足，但是全磷含量较高的土壤，却不一定说明它已有足够的有效磷来供应当季作物生长的需要，因为土壤中磷大部分呈难溶性化合物存在。

3.7.1　土壤全磷的测定（$HClO_4$-H_2SO_4 法）

可以用高氯酸分解土壤样品，因为它既是一种强酸，又是一种强氧化剂，能氧化有机质，分解矿物质，而且高氯酸的脱水作用很强，有助于胶状硅的脱水，并能与 Fe^{3+} 络合，在磷的比色测定中抑制了硅和铁的干扰。硫酸的存在能提高消化液的温度，同时防止消化过程中溶液蒸干，以利于消化作用的顺利进行。在高温条件下，土壤中含磷矿物及有机磷化合物与高沸点 H_2SO_4 和强氧化剂 $HClO_4$ 作用，使之完全分解，全部转化为正磷酸盐而进入溶液。本法对一般土壤样品分解率达 97%～98%，但对红壤性土壤样品分解率只有 95%左右。溶液中磷的测定采用钼锑抗（钼酸铵-酒石酸锑钾-抗坏血酸试剂的简称）比色法，本法具有手续简便，颜色稳定，干扰离子允许量大等优点。

1. 仪器设备与试剂

1）仪器

电子天平、消化炉、分光光度计、玻璃器皿等。

2）试剂

（1）浓硫酸（H_2SO_4，分析纯）。

（2）高氯酸（$HClO_4$，分析纯）。

（3）2,6-二硝基酚或2,4-二硝基酚指示剂溶液：溶解二硝基酚0.25g于100mL水中。此指示剂的变色点约为pH=3，酸性时无色，碱性时呈黄色。

（4）4mol/L氢氧化钠溶液：溶解NaOH 16g于100mL水中。

（5）2mol/L（$1/2H_2SO_4$）溶液：吸取浓硫酸6mL，缓缓加入80mL水中，边加边搅动，冷却后加水至100mL。

（6）钼锑抗试剂：A液（5g/L酒石酸氧锑钾溶液）——取酒石酸氧锑钾0.5g，溶解于100mL水中。B液（钼酸铵-硫酸溶液）——称取钼酸铵10g，溶于450mL水中，缓慢地加入153mL浓H_2SO_4，边加边搅。再将A液加入到B液中，定容至1L。充分摇匀，贮于棕色瓶中，此为钼锑混合液。临用前（当天），称取左旋抗坏血酸（化学纯）1.5g，溶于100mL钼锑混合液中，混匀，此即钼锑抗试剂。有效期24h，如藏于冰箱中则有效期更长。

（7）磷标准溶液：准确称取在105℃烘箱中烘干的KH_2PO_4（分析纯）0.2195g，溶解在400mL水中，加5mL浓H_2SO_4（加H_2SO_4防长霉菌，可使溶液长期保存），转入1L容量瓶中，加水至刻度。此溶液为50μg/mL磷标准溶液。吸取上述磷标准溶液25mL，稀释至250mL，即为5μg/mL磷标准溶液（此溶液不宜久存）。

2. 操作步骤

1）待测液的制备

准确称取通过100目筛的风干土样0.5000～1.0000g，置于50mL开氏瓶（或100mL消化管）中，以少量水湿润后，加8mL浓H_2SO_4，摇匀，再加10滴70%～72% $HClO_4$，摇匀，瓶口上加一个小漏斗，置于电沪上加热消煮（至溶液开始转白后继续消煮）20min。全部消煮时间为40～60min。在样品分解的同时做一个空白实验，即所用试剂同上，但不加土样，同样消煮得到空白消煮液。将冷却后的消煮液倒入100mL容量瓶中（事先盛水30～40mL），用水冲洗开氏瓶（应根据少量多次的原则用水），轻轻摇动容量瓶，待完全冷却后，加水定容。静置过夜。次日小心地吸取上层澄清液进行磷的测定；或者用干的定量滤纸过滤，将滤液接收在100mL干燥的三角瓶中待测定。

2）样品测定

吸取澄清液或滤液5mL（对含磷0.56g/kg以下的样品可吸取10mL，以含磷在20～30μg为最好），注入50mL容量瓶中，用水冲稀至30mL，加二硝基酚指示剂2滴，滴加4mol/L NaOH溶液直至溶液变为黄色，再加2mol/L（$1/2H_2SO_4$）溶液1滴，使溶液的黄色刚刚褪去。然后加钼锑抗试剂5mL，再加水定容至50mL，摇匀。30min后，在880nm或700nm波长下进行比色，以空白液的透光率为100（或吸光度为0），读出测定液的透光率或吸光度。

3）标准曲线

准确吸取5μg/mL磷标准溶液0mL、1mL、2mL、4mL、6mL、8mL、10mL。分别

放入 50mL 容量瓶中，加水至约 30mL，再加空白实验定容后的消煮液 5mL，调节溶液 pH 为 3，然后加钼锑抗试剂 5mL，最后用水定容至 50mL。30min 后开始进行比色。各瓶比色液磷的浓度分别为 0μg/mL、0.1μg/mL、0.2μg/mL、0.4μg/mL、0.6μg/mL、0.8μg/mL、1.0μg/mL。

3. 结果计算

从标准曲线上查得待测液的磷含量后，可按下式进行计算：

$$土壤全磷含量（g/kg）=\rho\times\frac{V}{m}\times\frac{V_2}{V_1}\times10^{-3}$$

式中，ρ 为待测液中磷的质量浓度（μg/mL）；V 为样品制备溶液的毫升数（mL）；m 为烘干土质量（g）；V_1 为吸取的滤液毫升数（mL）；V_2 为显色的溶液体积（mL）；10^{-3} 为将 μg 换算成的 g/kg 的系数。

4. 注意事项

（1）$HClO_4$ 与有机质作用剧烈，易发生爆炸，所以含有机物多的土壤，可以先用 H_2SO_4 消化 5～10min，然后再加 $HClO_4$ 消化。

（2）消化好的土样应无黑色或棕色，如不是白色或灰白色，应再加 $HClO_4$ 继续消化。最后应消化使 $HClO_4$ 全部分解。

（3）消化后开氏瓶中为浓酸，加水稀释应小心，瓶口不要对人。

3.7.2 中性和石灰性土壤速效磷的测定（碳酸氢钠法）

石灰性土壤由于存在大量游离碳酸钙，不能用酸溶液来提取有效磷，所以一般用碳酸盐的碱溶液。由于碳酸根的同离子效应，碳酸盐的碱溶液可降低碳酸钙的溶解度，也就降低了溶液中钙的浓度，这样就有利于磷酸钙盐的提取。同时，由于碳酸盐的碱溶液也降低了铝和铁离子的活性，有利于磷酸铝和磷酸铁的提取。此外，碳酸氢钠碱溶液中存在着 OH^-、HCO_3^-、CO_3^{2-} 等阴离子，有利于吸附态磷的置换，因此 $NaHCO_3$ 不仅适用于石灰性土壤，也适用于中性和酸性土壤中速效磷的提取。待测液中的磷用钼锑抗试剂显色，进行比色测定。

1. 仪器设备与试剂

1）仪器

往复振荡机、电子天平、分光光度计、玻璃器皿等。

2）试剂

（1）0.5mol/L $NaHCO_3$ 浸提液：溶解 42.0g $NaHCO_3$ 于 800mL 水中，以 0.5mol/L NaOH 溶液调节浸提液的 pH 至 8.5。此溶液暴露于空气中可因失去 CO_2 而使 pH 升高，可在液面加一层矿物油保存。此溶液在塑料瓶中比在玻璃瓶中容易保存，若储存超过 1 个月，应检查 pH 是否改变。

（2）无磷活性炭：活性炭常含有磷，应做空白实验，检验有无磷存在。如含磷较多，须先用 2mol/L HCl 浸泡过夜，用蒸馏水冲洗多次后，再用 0.5mol/L $NaHCO_3$ 浸泡过夜，在平瓷漏斗上抽气过滤，每次用少量蒸馏水淋洗多次，并检查到无磷为止。如含磷较少，则直接用 $NaHCO_3$ 处理即可。

（3）钼锑抗试剂：配制方法同土壤全磷测定。

（4）磷标准溶液：配制方法同土壤全磷测定。

2. 操作步骤

（1）称量：称取通过 20 目筛的风干土样 2.5g（精确到 0.001g）于 150mL 三角瓶（或大试管）中，同时做空白实验。

（2）振荡过滤：加入 0.5mol/L $NaHCO_3$ 溶液 50mL，再加一勺无磷活性炭，塞紧瓶塞，在振荡机上振荡 30min，立即用无磷滤纸过滤，滤液承接于 100mL 三角瓶中。

（3）吸液：吸取滤液 10mL（含磷量高时吸取 2.5～5.0mL，同时应补加 0.5mol/L $NaHCO_3$ 溶液至 10mL）于 150mL 三角瓶中，再用滴定管准确加入蒸馏水 35mL，然后用移液管加入钼锑抗试剂 5mL，摇匀，放置 30min。

（4）比色：在 880nm 或 700nm 波长下进行比色。以空白液的吸收值为 0，读出待测液的吸收值（A）。

（5）标准曲线绘制：分别准确吸取 5μg/mL 磷标准溶液 0mL、1.0mL、2.0mL、3.0mL、4.0mL、5.0mL 于 150mL 三角瓶中，再加入 0.5mol/L $NaHCO_3$ 溶液 10mL，准确加水使各瓶的总体积达到 45mL，摇匀；最后加入钼锑抗试剂 5mL，混匀显色。同待测液一样进行比色，绘制标准曲线。最后溶液中磷的浓度分别为 0μg/mL、0.1μg/mL、0.2μg/mL、0.3μg/mL、0.4μg/mL、0.5μg/mL。

3. 结果计算

$$\text{土壤中有效磷含量（mg/kg）} = \frac{\rho \times V \times \text{ts}}{m \times 10^3 \times k} \times 1000$$

式中，ρ 为从工作曲线上查得磷的质量浓度（μg/mL）；m 为风干土质量（g）；V 为显色时溶液定容的体积（mL）；10^3 为将 μg 换算成 mg 的除数；ts 为分取倍数（即浸提液总体积与显色时吸取浸提液体积之比）；k 为将风干土换算成烘干土质量的系数；1000 为换算成每千克含磷量的系数。

4. 注意事项

（1）活性炭应无磷，新买来的活性炭大多数都含磷，必须除磷后才能用。

（2）钼锑抗混合剂的加入量要十分准确，特别是钼酸量的大小，直接影响着显色的深浅和稳定性。标准溶液和待测液的比色酸度应保持基本一致，它的加入量应随比色时定容体积的大小按比例增减。

（3）温度的大小影响着测定结果。提取时要求温度在 25℃左右。室温太低时，可将容量瓶放入 40～50℃的烘箱或热水中保温 20min，稍冷后方可比色。

3.7.3　酸性土壤速效磷的测定（NH_4F-HCl 法）

NH_4F-HCl 法主要提取酸溶性磷和吸附磷，包括大部分磷酸钙和一部分磷酸铝与磷酸铁。因为在酸性溶液中氟离子能与三价铝离子和铁离子形成络合物，促使磷酸铝和磷酸铁的溶解：

$$3NH_4F+3HF+AlPO_4 \longrightarrow H_3PO_4+(NH_4)_3AlF_6$$

$$3NH_4F+3HF+FePO_4 \longrightarrow H_3PO_4+(NH_4)_3FeF_6$$

溶液中磷与钼酸铵作用生成磷钼杂多酸，在一定酸度下被 $SnCl_2$ 还原成磷钼蓝，蓝色的深浅与磷的浓度成正比。

1. 仪器设备与试剂

1）仪器

往复振荡机、分光光度计、玻璃器皿等。

2）试剂

（1）0.5mol/L 盐酸溶液：20.2mL 浓盐酸用蒸馏水稀释至 500mL。

（2）1mol/L 氟化铵溶液：溶解 NH_4F 37g 于水中，稀释至 1L，储存在塑料瓶中。

（3）浸提液：分别吸取 1.0mol/L NH_4F 溶液 15mL 和 0.5mol/L 盐酸溶液 25mL，加入 460mL 蒸馏水中，即为 0.03mol/L NH_4F-0.025mol/L HCl 溶液。

（4）钼酸铵试剂：溶解 $(NH_4)_6MO_7O_{24}\cdot 4H_2O$ 15g 于 350mL 蒸馏水中，缓缓加入 10mol/L HCl 350mL，并搅动，冷却后，加水稀释至 1L，贮于棕色瓶中。

（5）25g/L 氯化亚锡甘油溶液：溶解 $SnCl_2\cdot 2H_2O$ 2.5g 于 10mL 浓盐酸中，待 $SnCl_2$ 全部溶解且溶液透明后，再加化学纯甘油 90mL，混匀，储存于棕色瓶中。

（6）50μg/mL 磷标准溶液：参照土壤全磷测定方法，吸取 50μg/mL 磷溶液 50mL 于 250mL 容量瓶中，加水稀释定容，即得 10μg/mL 磷标准溶液。

2. 操作步骤

（1）称 1.000g 土样放入 20mL 试管中，从滴定管中加入浸提液 7mL。试管加塞后，摇动 1min，用无磷干滤纸过滤。如果滤液不清，可将滤液倒回滤纸上再过滤，吸取滤液 2mL，加蒸馏水 6mL 和钼酸铵试剂 2mL，混匀后，加氯化亚锡甘油溶液 1 滴，再混匀。在 5～15min 内，在分光光度计上用 700nm 波长进行比色。

（2）标准曲线的绘制：分别准确吸取 10μg/mL 磷标准溶液 2.5mL、5.0mL、10.0mL、15.0mL、20.0mL 和 25.0mL，放入 50mL 容量瓶中，加水至刻度，配成 0.5μg/mL、1.0μg/mL、2.0μg/mL、3.0μg/mL、4.0μg/mL、5.0μg/mL 磷系列标准溶液。

（3）分别吸取系列标准溶液各 2mL，加水 6mL 和钼酸铵试剂 2mL，再加 1 滴氯化亚锡甘油溶液进行显色，绘制标准曲线。

3. 结果计算

$$土壤中有效磷含量（mg/kg）=\frac{\rho\times10\times7}{m\times2\times10^3}\times1000$$

式中，ρ 为从标准曲线上查得的磷的质量浓度（μg/mL）；m 为风干土质量（g）；10 为显色时定容体积（mL）；7 为浸提剂的体积（mL）；2 为吸取滤液的体积（mL）；10^3 为将 μg 换算成 mg 的除数；1000 为换算成每千克含磷量的系数。

4. 注意事项

NH_4F-HCl 溶液对玻璃有一定腐蚀作用，所以配制的溶液应贮于塑料桶中，浸提土样时最好用塑料瓶。

3.8 土壤中钾（全钾和速效钾）的测定

钾是作物生长发育过程中所必需的营养元素之一。土壤中的钾素主要呈无机形态存在，根据钾的存在形态和作物吸收能力，可把土壤中的钾素分为四部分：土壤矿物态钾，此为难溶性钾；非交换态钾，为缓效性钾；交换性钾；水溶性钾。后两种为速效性钾，可以被当季作物吸收利用，是反映钾肥肥效高低的标志之一。因此，了解钾素在土壤中的含量，对指导合理施用钾肥具有重要的意义。

3.8.1 土壤全钾的测定（NaOH 熔融-火焰光度计法）

样品经碱熔后，使难溶的硅酸盐分解成可溶性化合物，用酸溶解后可不经脱硅和去铁、铝等流程，稀释后即可直接用火焰光度计法测定。

1. 仪器设备与试剂

1）仪器

茂福电炉、银或镍坩埚或铁坩埚、火焰光度计或原子吸收分光光度计、玻璃器皿等。

2）试剂

（1）无水酒精（分析纯）。

（2）H_2SO_4（1∶3）溶液：取浓 H_2SO_4（分析纯）1 体积缓缓注入 3 体积水中混合。

（3）HCl（1∶1）溶液：盐酸（HCl，$\rho\approx1.19$g/mL，分析纯）与水等体积混合。

（4）0.2mol/L H_2SO_4 溶液：适量。

（5）100μg/mL 钾标准溶液：准确称取 KCl（分析纯，110℃烘 2h）0.1907g 溶解于水中，在容量瓶中定容至 1L，贮于塑料瓶中。

吸取 100μg/mL 钾标准溶液 2mL、5mL、10mL、20mL、40mL、60mL，分别放入 100mL 容量瓶中加入与待测液中等量试剂成分，使标准溶液中离子成分与待测液相近（在配制标准系列溶液时应各加 0.4g NaOH 和 1mL H_2SO_4（1∶3）溶液），用水定容到 100mL。此为钾浓度分别为 2μg/mL、5μg/mL、10μg/mL、20μg/mL、40μg/mL、60μg/mL 的系列标准溶液。

2. 操作步骤

1）待测液制备

称取烘干土样（100 目）约 0.2500g 于银或镍坩埚底部，用无水酒精稍湿润样品，然后加固体 NaOH 2.0g，平铺于土样的表面，暂放在大干燥器中，防湿。

将坩埚加盖留一小缝放在高温电炉内，先以低温加热，然后逐渐升高温度至 450℃（这样可以避免坩埚内的 NaOH 和样品溢出），保持此温度 15min，熔融完毕。如在普通电炉上加热，则待熔融物全部熔成流体时摇动坩埚，然后开始计算时间，15min 后熔融物呈均匀流体时，即可停止加热。转动坩埚，使熔融物均匀地附在坩埚壁上。

将坩埚冷却后，加入 10mL 水，加热至 80℃左右，待熔块溶解后，再煮 5min，转入 50mL 容量瓶中，然后用少量 0.2mol/L H_2SO_4 溶液清洗数次，一起倒入容量瓶内，使总体积约为 40mL，再加 HCl（1∶1）溶液 5 滴和 H_2SO_4（1∶3）溶液 5mL，用水定容，过滤。此待测液可供磷和钾的测定用。

2）测定

吸取待测液 5.00mL 或 10.00mL 于 50mL 容量瓶中，用水定容，直接在火焰光度计上测定，记录检流计的读数，然后从工作曲线上查得待测液的钾浓度（μg/mL）。注意在测定完毕之后，用蒸馏水在喷雾器下继续喷雾 5min，洗去多余的盐或酸，使喷雾器保持良好的使用状态。

3）标准曲线的绘制

同样，吸取钾标准系列溶液，以浓度最大的一个定到火焰光度计上检流计的满度（100），然后从稀到浓依次进行测定，记录检流计的读数。以检流计读数为纵坐标，钾浓度（μg/mL）为横坐标，绘制标准曲线图。

3. 结果计算

$$土壤全钾含量（g/kg）=\frac{\rho \times V \times ts}{m \times 10^6} \times 1000$$

式中，ρ 为从标准曲线上查得的待测液中 K 的质量浓度（μg/mL）；V 为待测液的定容体积（mL）；ts 为分取倍数；m 为烘干土壤样品质量（g）；10^6 为将 μg 换算成 g 的除数；1000 为换算成每千克含磷量的系数。

4. 注意事项

（1）土壤和 NaOH 的比例为 1∶8，当土样用量增加时，NaOH 用量也需相应增加。

（2）熔块冷却后应凝结成淡蓝色或蓝绿色，如熔块呈棕黑色则表示还没有熔好，必须再熔一次。

（3）如在熔块还未完全冷却时加水，可不必再在电炉上加热至 80℃，放置过夜自动溶解。

（4）加入的 0.2mol/L 的 H_2SO_4 的量视 NaOH 用量多少而定，目的是中和多余的 NaOH，使溶液呈酸性，而硅得以沉淀下来。

（5）为防止溶液中有微小土粒堵塞火焰光度计管道，应取澄清的样品溶液稀释，如溶液不清，应过滤后再取滤液稀释。

3.8.2　土壤速效钾的测定（醋酸铵-火焰光度计法）

以中性 1mol/L NH_4OAc 溶液为浸提剂，NH_4^+与土壤胶体表面的 K^+进行交换，连同水溶性的 K^+一起进入溶液，浸出液中的钾可用火焰光度计法直接测定。

1. 仪器设备与试剂

1）仪器

电子天平、振荡机、火焰光度计、玻璃器皿等。

2）试剂

（1）1mol/L 中性 NH_4OAc（pH=7.0）溶液：称取化学纯 CH_3COONH_4 77.09g 加水稀释，定容至近 1L。用 HOAc 或 NH_4OH 调节 pH 至 7.0，然后稀释至 1L。具体调节方法为：取上述配制的 NH_4OAc 溶液 50mL，用溴百里酚蓝作指示剂，以 1∶1 NH_4OH 或稀 HOAc 调至绿色，即 pH=7.0（也可以在酸度计上调节）。根据 50mL 所用 1∶1 NH_4OH 或稀 HOAc 的毫升数，算出所配溶液大概的需要量，最后将 pH 调至 7.0。

（2）钾的标准溶液的配制：称取 KCl（二级，110℃烘干 2h）0.1907g 溶于 1mol/L NH_4OAc 溶液中，定容至 1L，即为含 100μg/mL 钾的 NH_4OAc 溶液。同时分别准确吸取此 100μg/mL 钾标准液 0mL、2.5mL、5.0mL、10.0mL、15.0mL、20.0mL、40.0mL 放入 100mL 容量瓶中，用 1mol/L NH_4OAc 溶液定容，即得 0μg/mL、2.5μg/mL、5.0μg/mL、10.0μg/mL、15.0μg/mL、20.0μg/mL、40.0μg/mL 钾标准系列溶液。

2. 操作步骤

1）称量

称取通过 18 目筛的风干土 5.00g 于 100mL 三角瓶或大试管中，加入 1mol/L NH_4OAc 溶液 50mL，塞紧橡皮塞，振荡 30min，用干的普通定性滤纸过滤。滤液盛于小三角瓶中，同钾标准系列溶液一起在火焰光度计上测定。记录检流计上的读数，然后从标准曲线上求得其浓度。

2）标准曲线的绘制

将配制好的钾标准系列溶液，以浓度最大的一个定到火焰光度计上检流计为满度（100），然后从稀到浓依次进行测定，记录检流计上的读数。以检流计读数为纵坐标，钾的浓度（μg/mL）为横坐标，绘制标准曲线。

3. 结果计算

$$土壤速效钾（mg/kg）=待测液的速效钾浓度（μg/mL）\times V/m$$

式中，V 为加入浸提剂的体积（mL）；m 为烘干土样的质量（g）。

4. 注意事项

（1）取土样重量和浸提液的量可以变动，但二者的比例必须为 1∶10，振荡时间也必须固定为 30min。浸提比例和振荡时间对提取速效钾的量有影响。

（2）1mol/L NH_4OAc 是目前采用最普遍的土壤速效钾浸提剂；NH_4^+ 与 K^+ 半径相近，以 NH_4^+ 取代交换性 K^+ 所得结果重现性好，能将交换性钾与矿物晶格间的非交换性钾分开。浸提时间长短的影响也较小，测定结果应用也较方便，如用其他浸提剂，需参考与该浸提剂相关的诊断标准。

（3）用 1mol/L NH_4OAc 溶液配制钾标准溶液，以便使标准液与样品提取液介质条件相近，注意 NH_4OAc 溶液不能久放，尤其是在气温较高的条件下易长霉，影响测定结果。

3.9 其他土壤因子的测定

3.9.1 土壤 pH 的测定（电位法）

土壤 pH 代表与土壤固相处于平衡溶液中的 H^+ 浓度的负对数。土壤 pH 是土壤的基本性质和肥力的重要影响因素之一，它直接影响土壤养分的存在状态、转化和有效性，从而影响植物的生长发育。pH 测定的方法主要有目视比色法和电位法。由于目视比色法比较粗放，实验室中普遍应用电位法。

以电位法测定土壤悬液 pH，通常用 pH 玻璃电极为指示电极，甘汞电极为参比电极。此二电极插入待测液时构成电池反应，其间产生电位差，因参比电极的电位是固定的，故此电位差的大小取决于待测液的 H^+ 离子活度或其负对数 pH。因此可用电位计测定电动势，再换算成 pH。一般用酸度计可直接测读 pH。

1. 仪器设备与试剂

1）仪器

酸度计、玻璃电极、饱和甘汞电极或 pH 复合电极。

2）试剂

（1）pH=4.01 标准溶液：将邻苯二甲酸氢钾（$KHC_8H_4O_4$，分析纯）在 105～110℃下烘 1h，冷却后称取 2.53g，用水溶解定容至 250mL。

（2）pH=6.86 标准溶液：Na_2HPO_4（分析纯）和 KH_2PO_4（分析纯）分别在 110～120℃烘干 2h，冷却后，取 Na_2HPO_4 3.53g、KH_2PO_4 3.39g 溶解定容至 1000mL。

（3）pH=9.18 标准溶液：3.80g $Na_2B_4O_7·10H_2O$（分析纯）溶于水，定容至 1000mL。

2. 操作步骤

（1）酸度计接上电源，预热，装上 pH 玻璃电极和甘汞电极（或用复合电极）。

（2）用小烧杯分别取 pH=4.01 和 pH=6.86（或 pH=9.18 和 pH=6.86）的标准溶液，先用一种标准溶液定位，再用第二种标准溶液检查，允许偏差应小于 0.02 。

（3）称取通过 2mm 筛孔的风干土 10g，放入小烧杯中，加 25mL 无 CO_2 蒸馏水，搅匀，静置 30min 后用酸度计测定 pH。

3. 结果计算

仪器上显示的值即为所求 pH，风干土样 pH 测定做三个平行，取平均值。

4. 注意事项

（1）玻璃电极易碎，使用时务必小心操作，不得碰到硬物上，用完后洗净保存于水中。如长期不用，应干保存。

（2）土水比可用 1∶1、1∶2.5 或 1∶5，比例大则测得 pH 高，所以应固定比例以便比较，1∶1 土水比可得较好结果，但溶液过少，不便测量操作。

（3）平衡时间有一定影响，完全平衡要半小时至 1h，但 5min 后已基本趋于平衡，可以测定。

（4）电极在悬浊液中的位置对测定值有影响，是否搅动也有影响，所以应控制测定条件一致。一般可将玻璃电极接触到泥糊层，而甘汞电极在清液层，不搅动测定，读数可以稳定。

（5）如用新鲜土测，应考虑水分含量，适当减少加入水的量，使土水比适宜。

3.9.2　土壤氧化还原电位的测定（电位法）

土壤氧化还原电位是因土壤溶液中氧化物质和还原物质的浓度变化而产生的电位，用 Eh 来表示。测定土壤氧化还原电位，可以了解土壤中养料元素的转化、土壤的通气状况、还原程度以及某些水田土壤中有无硫化氢、亚铁、有机酸等还原物质毒害的可能性。测定方法为电位法。

氧化还原反应实质上是电子得失的反应，通过这种反应可使化学能和电能之间得以互相转化。测定时铂电极和饱和甘汞电极构成电池，铂电极作为电路中传导电子的导体。在铂电极上所发生的反应或者是还原物质的氧化，或者是氧化物质的还原，此动态平衡方向视电流方向而定。用氧化还原电位计或酸度计，从表头读出土壤 Eh 值与饱和甘汞电极的电位之差，计算出土壤 Eh 值。

由于土壤中氧化还原平衡与酸碱度之间存在着很复杂的关系，有时测出的结果为便于比较需经 pH 校正。为简化起见，可直接用氢体系理论值 60（30℃时）进行校正，这对有机质不多、pH 变化不大的土壤来说，误差不大。另外，也可采用 Eh 和 pH 并列的表示方法。

1. 仪器设备与试剂

PHS-29 A 型酸度计或氧化还原电位计、铂电极、甘汞电极。

2. 操作步骤

测定时铂电极接正极，甘汞电极接负极，将电极插入欲测土壤中，1min 后读电位值。

如土壤 Eh 值低于饱和甘汞电极电位值，指针向负偏转，仪器又没有极性开关时，可变换电极位置（即铂电极接负极，甘汞电极接正极），从仪器上读出的电位值，是土壤电位值与饱和甘汞电极的电位差。土壤的电位值需经计算才能得到。

3. 结果计算

如以铂电极为正极，饱和甘汞电极为负极，则

$$E_{测出}=\mathrm{Eh}_{土壤}-E_{饱和甘汞电极}$$

故

$$\mathrm{Eh}_{土壤}=E_{饱和甘汞电极}+E_{测出}$$

如以铂电极为负极，饱和甘汞电极为正极，则

$$E_{测出}=E_{饱和甘汞电极}-\mathrm{Eh}_{土壤}$$

故

$$\mathrm{Eh}_{土壤}=E_{饱和甘汞电极}-E_{测出}$$

4. 注意事项

（1）Eh 的测定最好在田间直接进行，如需带回室内测定，应用大的塑料盒或铝制饭盒采集一块原状土，并立即用胶布或石蜡密封盒口，迅速带回室内。打开盒盖后先用洁净小刀刮去表土数毫米，再立即插入电极进行测定。

（2）测定时的平均时间对结果影响很大，在田间测定时可规定电极插入后 1min 的读数。在条件许可时采用先平衡的办法，把电极预先插入要测的土壤中，30min 后或更长时间后再进行测定。测定条件也应在结果报告中注明。

（3）对不同的土壤、不同土层、或同一土层中不同部位进行系列比较测定时，应估计 Eh 的变异范围，如变动不大，可用同一支电极测定。对还原性很强的土壤，即使 Eh 变异不大，也最好不用同一支电极测定，此时可以用几支电极测定或将电极处理后再用。铂电极有滞后现象，当电极测过 Eh 较高的土壤并用水洗净后再测 Eh 较低的土壤时，结果偏高。相反，电极测过 Eh 较低的土壤再测 Eh 较高的土壤时，结果又偏低，而且后一种情况的影响似乎更大。

（4）在田间测定时，如使用输入高阻抗的 pH 计时，两电极间距从小于 1cm 至 3cm 以上，所测 Eh 没有多少变化，但距离增大时，将增加线路中的电阻。

（5）测定时需重复 5 次左右，耕作土壤表层需重复 7～9 次，取平均值。

（6）甘汞电极在 0～50℃范围内，每升高 10℃，电位值约降低 6～7mV。

（7）在测定干燥的土壤时，电极与土体难以紧密接触，这时可以用一些蒸馏水使之湿润，稍停后再行测定。

（8）铂电极在使用前需经清洗处理，脱去电极表面的氧化膜。具体方法是：配制 0.2mol/L 盐酸–0.1mol/L 氯化钠的溶液，加热至微沸，然后放入少量固体亚硝酸钠（100mL 溶液加入 0.2g 即可），稍搅动后浸入电极。继续微沸 30min。加热过程中，溶液体积应保持一定，一般补充一次清洗液即可。如果电极用久，表面很脏，则在上述脱膜液处理

前，可先用合成洗涤剂或洗液进行处理。

3.9.3　土壤水溶性盐总量测定（电导法）

农田盐分过高，作物受盐分毒害生长受到抑制，严重者将死亡。因此，测定土壤盐分含量可以了解土壤的盐渍程度和季节性盐分动态，并且可以据此拟订改良、利用盐碱土的措施。

土壤水溶性盐的浸提液有导电作用，在一定浓度范围内，溶液含盐量与电导率呈正相关，因此测出浸出液的电导率，可以求出土壤含盐量的多少。

1. 仪器设备与试剂

1）仪器

电导仪、电导电极（260 型）、台秤、温度计、玻璃器皿等。

2）试剂

0.01mol/L KCl 溶液：称取 0.7456g KCl，溶于无 CO_2 蒸馏水中，定容至 1000mL，该溶液 25℃时的电导率为 1.412mS/cm。

2. 操作步骤

（1）称取通过 1mm 筛孔的风干土 4.0g，放入大试管中，加水 20mL，塞上塞子，振摇 3min，放置澄清。

（2）将电导电极洗净，吸干水，插入澄清液中间，测定电导度（S）。同时再测溶液温度。

3. 结果计算

土壤浸出液电导率：

$$EC_{25}=S_t \times f_t \times K$$

式中，S_t 为该温度下所测得的电导度；f_t 为测量温度下的校正系数，可按温度每升高 1℃，电导度约增加 2%计算；K 为电极常数，通过测定已知电导率的 KCl 溶液的电导度来求得。

一般在测定时已将电极常数在仪器上补偿，因此可不再乘 K。因此，计算式应改为

$$EC_{25}=S_t \times [1-(t-25) \times 2\%] \quad (t \text{ 为浸出液的温度})$$

4. 注意事项

（1）待测液最好保持清液状态。因为悬浊液会增加溶液的电阻，使电导值减小。因而在测定悬浊液时应先使其澄清，并在测定时不再搅动，以免损害铂电极。电导电极应插入清液中间部位。

（2）测定时待测液的温度应保持一定，因溶液改变 1℃，就会使电导产生 2%左右的误差。

（3）测得电导度后，可求出电导率直接用于比较土壤盐渍化程度。也可通过标准曲线求出土壤含盐量。标准曲线是取所测地区不同盐分含量的多个土样，用电导法测土壤溶液电导率，同时用烘干法测水溶性盐总量，在坐标纸上以电导率为纵坐标，水溶性盐总量为横坐标，取点作曲线。

第4章 土壤重金属的形态分布与吸附特性

微量重金属元素在土壤中的含量超过背景值，过量沉积而引起的含量过高，统称为土壤重金属污染。重金属一般是指比重等于或大于 5.0 的金属。目前，工业上明确划分为重金属的元素主要包括铜、铅、锌、锡、镍、钴、锑、汞、镉和铋等。污染土壤的重金属主要包括汞、镉、铅、铬等生物毒性显著的元素，以及锌、铜、镍等元素。砷不是金属，但由于其化学性质和环境行为与大多数重金属相似，被称为类金属，在讨论重金属时往往将其归并于重金属范畴。铁和锰由于在土壤中含量较高，一般不认为它们是土壤污染元素，但在特定地质区域或土壤条件下，铁和锰引起的毒害作用也十分突出。

4.1 土壤样品的消化与重金属含量测定

土壤重金属污染给居民生产、生活、人体健康，以及自然生态系统带来的危害已日渐突出。正确面对土壤重金属污染问题，建立高效、快速、便于操作的重金属样品分析检测方法，对土壤进行合理和及时地监控，防止污染问题的发生和发展十分迫切。土壤重金属污染物含量的检测，一般需要对土壤样品进行一定的前处理。前处理方法一般包括干法灰化、湿法消解和微波消解 3 种。检测方法则包括光谱法、电化学法、生物化学法、化学比色法等多种类型。

4.1.1 土壤样品的消化

1. 湿法消解

湿法消解主要是采用具有强氧化性的酸作为消解液，与样品混合后，在电热板上加热，破坏样品中的有机物，将目标产物无机成分充分释放出来，进而形成较为稳定的无机化合物，以便于下一步进行分析测定。湿法消解所需条件简单，便于操作，已成为目前十分常用的土壤样品消解方法。

2. 干法灰化

与湿法消解相比，干法灰化是通过高温加热的方式除去样品中的有机物，然后采用酸对剩余的灰分进行溶解。该方法简单，快速，但容易造成一些元素的挥发，导致元素回收率降低。

3. 微波消解

微波消解一般以特定的酸、碱或者盐溶液作为消解液，在封闭容器中将其与一定量的土壤样品溶液充分混合后，采用微波加热，在高温高压的状态下将样品充分消解，释放出游离的元素进行分析测定。微波消解法具有消解快速，空白本底影响较小等优点，但消解样品量相对较小，同时，现有的一些常规微波消解方法不能完成样品的充分消解，在微波消解后，仍需要在电热板上再进行加热处理；而一些高温高压的完全消解，工作环境为高压状态，有一定的危险性，因此在实际应用中，需要工作人员结合自己的实际情况，选择最佳的消解方法，以获得较为理想的实验结果。

4.1.2　土壤重金属含量检测的常用方法

1. 光谱法

光谱法精度高、方法成熟，是目前土壤重金属元素检测中最主要的方法。

1）分光光度法

分光光度法是依据朗伯-比尔定律，利用在特定光波长下，在一定范围内，样品溶液的吸光度值与其含量成正比的特性，对消化后的样品进行分光光度法测定。由于分光光度计工作原理较为简单，仪器设备价格和检测费用相对便宜，使用方便，操作简单，深受广大企业和科研院所的欢迎。但该方法的灵敏度有时候不够理想。

2）原子吸收光谱法

原子吸收光谱法（AAS）又称原子吸收分光光度分析法，其基本原理是高温化合物离解为基态原子蒸汽，能够吸收同种元素空心阴极灯发射的特征谱线，根据吸光度与该元素的原子浓度呈线性关系，分析光谱变化，对元素含量进行定性或定量分析。该方法检测灵敏度高、检测限低、选择性好、分析范围广、受背景和化学干扰小，但仪器设备复杂，操作烦琐，无法对多种元素同时进行测量，对非金属及难熔元素的测定尚有困难，对复杂样品分析时干扰也较严重，石墨炉原子吸收分析的重现性较差。

3）电感耦合等离子体原子发射光谱法

等离子体原子发射光谱法（ICP-AES）以电感耦合等离子矩作为激发光源，激发被测元素的原子或离子的价电子后，使其跃迁至激发态后回到较低基态，以辐射方式释放，产生发射光谱，通过判断这种特征辐射的存在及其强度的大小，分析物质组成成分，测定元素含量。该方法具有简便、快速、分析速度快的特点；检出限低，可达到石墨炉原子吸收光谱仪的部分检出水平；测量动态线性范围宽，可同时进行高含量元素和低含量元素的分析，可同时分析测定多种元素。不过仪器结构复杂，价格昂贵，使用成本较高。

4）电感耦合等离子体质谱法

电感耦合等离子体质谱法（ICP-MS）是利用高能量使待测原子的电子脱离电子层，产生自由电子和带正电荷的原子，其被分离提取后用质谱仪对待测元素进行直接定性、定量分析。与 ICP-AES 相比，ICP-MS 不仅可以测定元素的含量，而且可以提供高准确度的元素分子量。该方法不仅可以测定常见的无机元素，而且可以对同位素进行定量分析。由于具有灵敏度高、精确度好、动态范围宽、检出限低、重现性好的特点，能极大地缩短测试分析时间，倍受广大科研工作者青睐。

5）原子荧光光谱法

原子荧光光谱法（AFS）的原理与原子发射光谱（AES）和原子吸收光谱（AAS）

相类似，通常是蒸汽状态的基态原子吸收特定频率的辐射而被激发至高能态，而后激发过程中以光辐射的形式发射出特征波长的荧光。通过测量样品中的荧光强度，对样品中的元素进行含量测定。该方法具有检测速度快、方法简单、线性范围宽、灵敏度好等特点，但其可测元素种类少，而且不能对多种元素进行同时测定。

6）激光诱导击穿光谱法

激光诱导击穿光谱法（LIBS）是一种十分常用的激光烧蚀光谱分析技术，它是利用高能量的激光对样品进行脉冲诱导击穿，使待测元素被激发形成高温、高能等离子体，等离子体辐射出来的原子光谱和离子光谱被光学系统收集，研究该光谱的谱线特征和强度，可获得被测物质的成分与浓度。该技术可以实时、快速同时完成多个化学元素的定性和定量分析，可以真正做到现场快速分析，无须进行样品预处理，分析方便，也不受研究对象专业基础的限制，但仪器成本较高，激光脉冲能量的起伏性、样品的不均匀性、样品的特性都会影响检测的稳定性，对检测结果的精确性影响较大。

7）X射线荧光光谱法

待测元素受X射线激发，会发射出与原子序数有关的，具有一定特征的X射线，特征X射线谱的波长及强度随样品中的成分及其多少变化而变化，据此可以对样品成分和含量进行定性或定量分析。土壤重金属X射线荧光光谱法具有前处理简单，对样品无污染、无破坏性，检测速度快、稳定性高等优点，但现场检测精度低，重复性较差。此方法较适合土壤环境受到污染时急需的快速定性、定量排查重金属元素的要求。

2. 电化学法

电化学法是一种比较成熟的现代仪器分析方法，被广泛地使用在土壤重金属检测领域，主要是将消解后的液体视为化学电池，根据试液中待测金属离子的电化学特性的电信号变化（电流、电压、电导）对待测元素进行定性电量测定。

1）极谱法

极谱法主要是检测消解后试液电解反应中产生的极化电极电流和电位关系，对目标元素进行定性和定量分析。该方法灵敏度高，精度高，分辨能力强，但准确性差，而且样品易污染，检测电位窄。

2）溶出伏安法

溶出伏安法是利用电解富集，将待测金属元素从试液中浓缩富集到工作电极上，然后将其快速重新溶出，通过电参数的测定，对元素进行定性和定量分析。该方法灵敏度高，检出限低，操作简单，抗干扰能力强，可以同时进行多元素测定，但检测前处理复杂，易污染，检测电位窄，同时检测波峰易互相干扰。

3）离子选择性电极法

离子选择性电极法是利用电极放入待测试液时，电极的敏感膜与试液的异相界面产生与待测元素活度呈对数关系的电位，从而对待测元素进行定量分析。该方法仪器结构和操作简单，检测速度快，能耗低，但检出限高，灵敏度和准确度低，前处理复杂，易污染，检测电位窄。

4）电导分析法

电导分析法是通过测量试液的电导率，对待测元素进行定性和电量分析。该方法检测速度快，仪器结构简单，操作方便，但前处理复杂，易受污染，方法选择性差。

3. 生物化学法

生物学与化学的迅速融合，催生了多种以生物学为基础的土壤重金属的检测 方法。

1）酶抑制法

重金属与生物酶反应后，其毒性会使酶的活性降低，从而导致显色剂颜色、导电率、pH 等信号改变，通过对这些变化与重金属种类和浓度的关系的分析，可以对待测元素进行定性和定量分析。该方法所需仪器结构简单，操作方便，检测速度快，但是目前发现的对重金属具有特异性的酶种类和能测定的重金属种类少，选择性差。

2）生物传感器法

酶、DNA、免疫抗体、微生物等生物活性分子与重金属离子结合后，其物理化学性质会发生改变，捕捉这种变化，并将其转化为光电信号，即可完成对重金属元素的定性和定量分析。该方法准确性好，自动化程度高，操作方便，但成本高。同时，生物体容易受外界环境影响，选择性差。

3）免疫分析法

免疫分析法是根据抗体与其对应抗原的高度专一特异反应，通过制得特定重金属单克隆抗体与其相对的重金属元素反应，对待测元素进行定量分析。该方法灵敏度和特异性高，但重金属单克隆抗体制备难，成本高，易失活。

4. 化学比色法

化学比色法是基于待测物质与化学试剂接触反应后，发生颜色变化，对其进行定性和定量分析。该方法是重金属检测的传统方法，检测中，接触反应时需要颜色变化明显、稳定，其关键点在于选择合适的显色试剂。

1）试纸法

试纸法的原理是将某些特定显色剂附着到试纸上，当显色剂与重金属离子接触后，试纸颜色发生改变，通过与比色板对照，对重金属的种类和含量进行分析。该方法成本低，操作简单，分析速度快，适合现场检测，但该方法选择性和精密度差，检出限高，显色试剂易被影响，人为主观性、随意性大，目前多用于定性或半定量分析。

2）液相色谱法

液相色谱法的原理是重金属离子与有机试剂反应会产生有色络合物，该络合物过色谱柱时各组分被分离，使用紫外线可见分光光度法对分离产物进行测定，即可完成对重金属元素的定性和定量分析。该方法能够对多种元素进行同时测定，不过样品前处理复杂，色谱分离时间长，而且目前可以和重金属形成稳定有色络合物的试剂种类十分有限。

5. 一些新型重金属检测方法

1）太赫兹光谱法

太赫兹光谱法是利用一种由电子回路、磁场中的扫描电子束而产生的介于电和光波之间的电磁波，探测重金属络合物分子或者分子间及分子内部介于氢键和范德瓦耳斯力等内部作用力振动引发的能量吸收特性，来进行重金属检测的方法。目前该方法研究成果还比较少。

2）高光谱分析法

高光谱分析法是使用遥感技术测定样品的高光谱数据，然后通过所得的高光谱分辨率和连续的光谱波段，定量分析土壤重金属元素。该方法可以避免采样、制样及消解等诸多烦琐的前处理步骤，不需要接触样品，可以对大量样品进行无损测定。目前已有较多研究报道使用该法定量分析土壤的养分含量，获得了较为理想的实验成果。

3）生物量间接测定法

生物量间接测定法是利用某些生物基因的表达所展现出来的发光特征，采用遥感技术，接收这些基因表达的特征光谱，来定量分析土壤重金属元素。利用细菌的发光特征来对土壤重金属元素进行检测是一个较为有效的方法。

4）环境磁学测定法

环境磁学测定法是利用古地磁学和岩石磁学的技术方法，根据外加磁场效应对物质作用所产生的对应特征电流进行定量，然后通过测定某些磁参数值来定量分析土壤重金属。该法检测快速简便，灵敏度高，信息量和检测范围大，对样品无损。目前已有关于利用该法测定表层土的磁学特征及其对重金属污染影响的研究报道。

4.1.3 土壤重金属全量的火焰原子吸收分光光度法测定

火焰原子吸收分光光度法是根据元素的基态原子对该元素的特征谱线产生选择性吸收来进行测定的分析方法。检测过程中，将试样喷入火焰，被测元素的化合物在火焰中离解形成原子蒸气，由锐线光源（空心阴极灯）发射的某元素的特征谱线光辐射通过原子蒸气层时，该元素的基态原子对特征谱线产生选择性吸收。在一定条件下，特征谱线光强的变化与试样中被测元素的浓度成比例。通过对自由基态原子对选用吸收线吸光度的测量，可以确定试样中该元素的浓度。下面以铜元素为例，介绍土壤重金属污染物的具体测定方法。

1. 仪器设备与试剂

（1）原子吸收分光光度计、铜空心阴极灯。

（2）铜标准贮备溶液：称取 1.000g 金属铜（99.9%以上）于烧杯中，用 20mL 硝酸溶液（1∶1）加热溶解，冷却后，转移至 1L 容量瓶中，稀释至刻度，混匀，即获得 1mg/mL 的铜标准贮备溶液。

也可用硫酸铜配制：称取 3.928g 硫酸铜（$CuSO_4·5H_2O$，未风化），溶于水中，移入 1L 容量瓶中，加 5mL 硫酸溶液（1∶5），稀释至刻度，即为 1mg/mL 铜标准贮备溶液。

将铜标准贮备溶液储存于聚乙烯瓶中备用。

（3）铜标准溶液：使用前，吸取铜标准贮备溶液 10mL 于 100mL 容量瓶中，稀释至刻度，混匀，即获得 100mg/L 的铜标准液。

2. 操作步骤

1）标准曲线的绘制

取 6 个 25mL 容量瓶，分别加入 5 滴 1∶1 盐酸，依次加入 0.0mL、1.00mL、2.00mL、3.00mL、4.00mL、5.00mL 的浓度为 100mg/L 的铜标准液，用去离子水稀释至刻度，摇匀，配成含 0.00mg/L、0.40mg/L、0.80mg/L、1.20mg/L、1.60mg/L、2.00mg/L 铜标准系列溶液，然后在原子吸收分光光度计上测定吸光度。以浓度为横坐标，吸光度为纵坐标，绘制铜的标准工作曲线。

2）土壤样品的消化

准确称取 1.000g 土样于 100mL 锥形瓶中（2 份），用少量去离子水润湿，缓慢加入 5mL 王水（硝酸∶盐酸=1∶3），盖上弯颈漏斗。同时做 1 份空白试剂，把烧杯放在通风橱内的电热板上加热，开始低温，慢慢调高温度，使样品保持微沸状态，让其充分分解。注意消化过程中温度不宜过高，防止样品外溅；消化过程中，可以适当补充一定量的稀硝酸溶液，以补充液体。当激烈反应完毕，大部分有机物分解后，取下烧杯冷却，沿锥形瓶壁加入 2～4mL 高氯酸，继续加热分解直至冒白烟，样品变为灰白色，拿去弯颈漏斗，赶出过量的高氯酸，把样品蒸至近干，取下冷却，加入 5mL 1%的稀硝酸溶液加热，冷却后用中速定量滤纸过滤到 25mL 容量瓶中，滤渣用 1%稀硝酸洗涤，最后定容，摇匀待测。

3）测定

将消化液在与标准系列相同的条件下，直接喷入空气-乙炔火焰中，测定吸收值。如果样品中待测金属浓度过高，则需要稀释后再进行上机测定。

3. 结果计算

将所测得的吸收值（应扣除空白处理的吸收值）在标准曲线上查对，获得相应的浓度值 M（mg/mL），然后根据下面公式计算铜的含量 X（mg/kg）。

$$X = \frac{M \times V \times A}{m} \times 1000$$

式中，M 为标准曲线上得到的相应浓度（mg/mL）；V 为定容体积（mL）；A 为测定过程中，对消化后定容的试液的稀释倍数，若没有稀释，则为 1；m 为土壤试样质量（g）；1000 为换算成 1kg 土壤的系数。

4.2　土壤重金属的形态分布

重金属污染物在复杂多样的土壤体系中经历着各种物理、化学和生物学过程，以各种各样的形态存在，且随着土壤条件的变化和生物的作用，不同形态之间可以发生转化。

这些形态对生物的有效性并不同，其能被生物利用的程度存在很大差异。土壤中重金属污染物的危害，不仅取决于其总量，很大程度上也受到其存在形态的影响。广义上讲，重金属形态是指重金属的价态、化合态、结合态和结构态四个方面，即重金属元素在环境中以某些离子或分子状态存在的实际形式。狭义的重金属形态是指用不同的化学提取剂对土壤中重金属进行连续浸提，并根据所使用浸提剂对重金属形态进行的分组。浸提剂系列和浸提方法不同，上述分组也会略有不同。下面以重金属铜为例，介绍土壤重金属的形态分布研究方法。

4.2.1　Tessier 连续提取法

由Tessier等提出的五步连续提取法将重金属分为5种结合形态，即金属可交换态（可交换态）、碳酸盐结合态（碳酸盐态）、铁（锰）氧化物结合态（铁/锰态）、有机质及硫化物结合态（有机态）和残渣晶格结合态（残渣态）。

可交换态，指交换吸附在土壤黏土矿物及其他成分上的重金属。该形态对土壤环境变化敏感，易被作物吸收，对作物危害大。

碳酸盐结合态，指与碳酸盐沉淀结合的重金属。该形态对土壤环境条件变化敏感，对pH变化尤其敏感。随着土壤pH改变，离子态重金属可能被大量释放，而变得易于被作物吸收。

铁（锰）氧化物结合态，指与铁或锰的氧化物等生成土壤结核的重金属。土壤环境条件变化，特别是土壤氧化还原条件的改变，可能使部分铁锰氧化物结合态重金属重新释放，对农作物存在潜在危害。

有机态，指以不同形态进入或包裹于有机质中，同有机质发生螯合作用而形成螯合态盐类或硫化物的重金属。该形态重金属较为稳定，一般不易被生物吸收利用，但当土壤氧化还原电位、土壤pH等发生变化时，可使少量重金属溶出而对作物产生危害。

残渣态，也称残余态。在连续提取法中，上述各形态重金属被提取后，剩余部分的重金属均可称为残余态重金属。一般认为，稳定存在于石英和黏土矿物等晶格里的重金属即为残渣态重金属。残渣态的重金属相对稳定，对土壤重金属迁移和生物可利用性影响不大，但环境条件变化，植物生长、根系分泌物作用、土壤动物和微生物活动等也可以导致残渣态重金属向其他形态转化。

1. 仪器设备与试剂

1）仪器设备

容量瓶、烧杯、玻璃棒、滴管、离心管、移液器、电子天平、离心机、恒温振荡机、火焰原子吸收分光光度计。

2）试剂

（1）1mol/L $MgCl_2$溶液：在800mL去离子水中溶解203.4g $MgCl_2·6H_2O$固体，用去离子水定容至1L，分装成小份并高压灭菌备用，使用时用盐酸调节pH至7.0。

（2）1mol/L醋酸钠溶液：在800mL去离子水中溶解136.08g $CH_3COONa·3H_2O$固体，用去离子水定容至1L，用冰醋酸调节pH至5.0。

（3）0.04mol/L 盐酸羟胺的 25%（体积分数）HAc 溶液：在 500mL 去离子水中溶解 2.7796g $HONH_3Cl$ 固体，加入 250mL 的冰醋酸溶液，用去离子水定容至 1L。

（4）0.02mol/L 硝酸溶液：称取 1.32～1.38mL（浓硝酸含量范围：65.0%～68.0%）浓硝酸溶液缓缓倒入 800mL 去离子水中，边倒边搅拌，用去离子水定容至 1L。

（5）30%过氧化氢：量取 300mL H_2O_2 溶液，用去离子水定容至 1L，用浓硝酸调节 pH 至 2。

（6）3.2mol/L 醋酸铵的 20%（体积分数）硝酸溶液：将 200mL 浓硝酸溶液缓缓倒入 600mL 溶解有 246.656g CH_3COONH_4 固体的去离子水中，边倒边搅拌，用去离子水定容至 1L。

（7）4∶1∶1∶1 HNO_3/HF/$HClO_4$/HCl 混合液：将分析纯 HNO_3、HF、$HClO_4$ 和 HCl 按体积比 4∶1∶1∶1 混合，边倒边搅拌。

2. 操作步骤

1）土壤样品处理

采集后的土壤样品风干后备用。使用前，于 55℃干燥直至恒重。将干燥后的土壤样品破碎，通过 1mm 孔径尼龙筛除去砂砾和生物残体，用四分法处理，取其中一份用研钵磨至过 100 目尼龙筛，最后将样品保存备用。

2）形态分步提取

（1）可交换态：准确称取 1g 土壤于离心管中，加 8mL 1mol/L $MgCl_2$（pH=7.0）溶液，25℃下连续振荡 2h，4000r/min 离心 20min，取上清液，定容到 10mL，用原子吸收分光光度法测定上清液中 Cu^{2+}的浓度。

（2）碳酸盐结合态：用去离子水洗涤上步的残渣，离心，弃去上层清液后，加 8mL 用 NaAc 溶液，pH=5.0，25℃下连续振荡 2h，4000r/min 离心 20min，取上清液，定容到 10mL，用原子吸收分光光度法测定上清液中 Cu^{2+}的浓度。

（3）铁（锰）氧化物结合态：用去离子水洗涤上步的残渣，离心，弃去上层清液后，加 8mL 0.04mol/L $HONH_3Cl$ 的 25%（体积分数）HAc 溶液加盖提取，90℃恒温断续振荡 4h，取出冷却，用上述溶液补充操作中失去的溶液体积，4000r/min 离心 20min，取上清液，定容到 10mL，用原子吸收分光光度法测定上清液中 Cu^{2+}的浓度。

（4）有机质及硫化物结合态：用去离子水洗涤上步的残渣，离心，弃去上层清液后，加 3mL 0.02mol/L HNO_3 溶液和 5mL pH=2 的 30% H_2O_2 溶液，85℃水浴蒸干，在此过程中间断振荡。再加 5mL pH=2 的 30% H_2O_2 溶液，将混合物放在 85℃下加热 2h，并间断振荡，取出离心管，冷却后，用 0.02mol/L HNO_3 溶液补充操作中失去的溶液体积。再加 5mL 3.2mol/L NH_4Ac 20%溶液（采用体积分数为 20%的 HNO_3 配制），稀释到 10mL，室温下连续振荡 30min，4000r/min 离心 20min，取上清液，定容到 10mL，用原子吸收分光光度法测定上清液中 Cu^{2+}的浓度。

（5）残渣态：用去离子水洗涤上步的残渣，离心，弃去上层清液后，加 4∶1∶1∶1（体积分数）HNO_3/HF/$HClO_4$/HCl 溶液进行消解，离心过滤，用原子吸收分光光度法测定滤液中 Cu^{2+}的浓度。具体方法可以参见土壤重金属全量的分析方法。

3. 结果计算

所测得的吸收值（如试剂空白有吸收，则应扣除空白吸收值）在标准曲线上得到相应的浓度 M（mg/mL），则试样中：

$$铜的含量（mg/kg）=\frac{M\times V}{m}\times 1000$$

式中，M 为标准曲线上得到的相应浓度（mg/mL）；V 为定容体积（mL）；m 为试样质量（g）；1000 为换算成 1kg 土壤的系数。

4. 注意事项

（1）$MgCl_2$ 极易潮解，应选购小瓶（如 100g）试剂，启用新瓶后勿长期存放。

（2）四分法分样方法：用分样板先将样品混合均匀，然后按 2/4 的比例分取样品的过程，叫作四分法分样。操作步骤：①将样品倒在光滑平坦的桌面或玻璃板上；②用分样板把样品混合均匀；③将样品摊成等厚度的正方体；④用分样板在样品上画两条对角线，分成两个对顶角的三角形；⑤任取其中两个三角形样本；⑥将剩下的样本再混合均匀，再按以上方法反复分取，直至最后剩下的两个对顶角三角形的样品接近所需试样重量为止。

（3）保存待测溶液的方法：在测试前加硝酸使溶液的 pH 小于 2。实验中所用的离心管和容量瓶等在使用前均用 20%的硝酸浸泡过夜，冲洗。以上实验均做空白实验和平行样进行质量控制。

（4）残渣态含量的测定也可以采用差减法获得。

4.2.2　BCR 连续提取法

BCR 法是欧洲参考交流局（European Community Bureau of Reference）提出的一种有关重金属形态划分的方法，该方法将重金属形态分为 4 种，即弱酸提取态（如碳酸盐结合态）、可还原态（如铁锰氧化物态）、可氧化态（如有机态）和残渣态。

1. 仪器设备与试剂

1）仪器设备

容量瓶、烧杯、玻璃棒、滴管、离心管、移液器、电子天平、pH 仪、离心机、恒温振荡机、恒温水浴锅、火焰原子吸收分光光度计。

2）试剂

（1）0.1mol/L 醋酸：准确量取 5.72mL 冰醋酸溶液，用去离子水定容至 1L。

（2）0.5mol/L 盐酸羟胺：在 800mL 去离子水中溶解 34.745g $HONH_3Cl$ 固体，用去离子水定容至 1L。

（3）H_2O_2（pH=2～3）：量取 1L H_2O_2（pH=2～3）溶液，用浓盐酸调 pH 至 2～3。

（4）1mol/L 的盐酸羟胺：在 800mL 去离子水中溶解 69.49g $HONH_3Cl$ 固体，用去离子水定容至 1L。

2. 操作步骤

1）土壤样品处理

采集后的土壤样品风干后备用。使用前，于 55℃干燥直至恒重。将干燥后的土壤样品破碎，通过 1mm 孔径尼龙筛除去砂砾和生物残体，用四分法处理，取其中一份用研钵磨至过 100 目尼龙筛，最后将样品保存备用。

2）形态分步提取

（1）弱酸提取态：准确称取土壤样品 1g 置于 10mL 离心管中，加 10mL 0.1mol/L HAc 溶液，（22±5）℃连续振荡 16h，3000r/min 离心 20min。取上清液，定容到 10mL，用原子吸收分光光度法测定上清液中 Cu^{2+}的浓度。

（2）可还原态：用去离子水洗涤上步残渣，离心，弃去上层清液后，加 10mL 0.5mol/L $NH_4OH·HCl$ 溶液，（22±5）℃下连续振荡 16h，3000r/min 离心 20min。取上清液，定容到 10mL，用原子吸收分光光度法测定上清液中 Cu^{2+}的浓度。

（3）可氧化态：用去离子水洗涤上步的残渣，离心，弃去上层清液后，加 2mL H_2O_2（pH=2～3）溶液，搅拌均匀，室温下静置 1h，水浴加热至（85±2）℃，再加 2mL H_2O_2 溶液，（85±2）℃恒温水浴 1h。再加 5mL 1mol/L NH_4Ac 溶液，（22±5）℃连续振荡 16h，3000r/min 离心 20min。取上清液，定容到 10mL，用原子吸收分光光度法测定上清液中 Cu^{2+}的浓度。

（4）残余态：向上步的残渣分别加 5mL 分析纯 HNO_3 溶液和 2mL 分析纯 HF 溶液，使酸和样品充分混合均匀。把装有样品的消解管放进干净的高压消解罐中，拧上罐盖，进行微波消解。消解后取出消解管，置于智能控温电加热器上 140℃赶酸至近干，然后用稀硝酸转移过滤。再将滤液转移至 50mL 容量瓶中，用去离子水定容至 50mL，用原子吸收分光光度法测定上清液中 Cu^{2+}的浓度。

残余态含量的测定也可以采用差减法获得。

3. 结果计算

所测得的吸收值（如试剂空白有吸收，则应扣除空白吸收值）在标准曲线上得到相应的浓度 M（mg/mL），则试样中：

$$铜的含量（mg/kg）=\frac{M\times V}{m}\times 1000$$

式中，M 为标准曲线上得到的相应浓度（mg/mL）；V 为定容体积（mL）；m 为试样质量（g）；1000 为换算成 1kg 土壤的系数。

4.3　土壤重金属的生物有效性

重金属的生物有效性一般是指环境中重金属元素在生物体内的吸收、积累或毒性程度。可以说，重金属的形态分析是生物有效性研究的基础，而生物有效性研究是形态分析的延伸。相对于土壤重金属全量，水溶态、可交换态、碳酸盐结合态和部分铁锰氧化物结合态的重金属被认为是高度生物有效的形态。目前大多数生物有效性的研究方法都是通过确定污染物在环境中的形态和分布，再将这些形态分布与生物体内污染物的富集量通过回归分析等进行的。

土壤中重金属的生物有效性并不是固定不变的，pH、含水量、氧化还原电位、阳离子交换量、有机质含量等土壤环境条件的改变，污染物之间的相互影响，以及植物根际作用、土壤动物和微生物的作用，都会导致重金属有效性发生改变，影响到重金属在土壤系统和植物-土壤系统中的迁移和转化。下面以重金属铜为例，介绍土壤重金属生物有效性的研究方法。

4.3.1　土壤重金属生物有效性的表征

1. 实验模拟法

该方法根据重金属在土壤-水相互作用过程中的释放速率和释放机理，分析自然条件下土壤中重金属生态行为和环境迁移系数，预测其潜在环境效应。一般可以结合土壤剖面上的淋溶迁移实验和无扰动室内土柱培养实验进行分析。

2. 植物指示法

生长于重金属污染土壤中的植物，均会不同程度地吸收这些重金属。通过分析这些植物体内重金属的含量，可以判断污染土壤中重金属的生物可利用性，从而判断土壤受重金属污染的程度。由于不同的生长条件、不同植物、同种植物的不同生长时间和生长期对土壤重金属的吸收和富集能力存在很大差异，采用这种方法进行表征时，往往会造成难以比较的困惑。

3. 化学浸提法

化学浸提法是采用一种一定浓度的化学溶液（包含一种或几种试剂），按照一定的土液比和特定的浸提方法，进行浸提，然后测定浸提液中重金属的含量，用于表征重金属的生物有效性。虽然土壤类型、土壤性质、酸度、金属间的相互作用等都会影响提取剂的浸提效果，而且化学提取剂浸提出来的重金属和植物能够吸收的重金属之间也不是完全对应的关系，使其很难对金属的生物有效性进行准确表征，但由于该方法操作简单、灵敏度高、可重复性好，化学浸提法成了目前应用最广泛的生物有效性表征方法。

目前有报道使用的提取剂种类繁多，美国、欧洲和日本等国家和地区标准中的提取剂包括 NH_4NO_3、HCl、HNO_3、$NaNO_3$ 和水等。我国土壤重金属有效态测定的标准方法主要有：《土壤有效态锌、锰、铁、铜含量的测定——二乙三胺五乙酸（DTPA）浸提法》（NY/T 890—2004）、《土壤质量　有效态铅和镉的测定——原子吸收法》（GB/T 23739—2009）、《森林土壤有效锌的测定》（LY/T 1261—1999）、《森林土壤有效铜的测定》（LY/T 1260—1999）和《土壤　8 种有效态元素的测定　二乙烯三胺五乙酸浸提-电感耦合等离子体发射光谱法》（HJ 804—2016）等，基本采用二乙三胺五乙酸（DTPA）或盐酸（HCl）浸提剂，也有部分采用 EDTA 作为浸提剂。由于不同化学试剂对不同土壤环境中重金属的浸提效果存在一定差异，在特定研究中，选用合适的浸提试剂显得尤为必要。

4.3.2　二乙三胺五乙酸（DTPA）提取法

DTPA 能迅速与钙、镁、铁、铅、锌、铜和锰等离子生成水溶性配合物，能快速浸提出这些金属元素在土壤中的水溶态、可交换态、碳酸盐结合态和部分铁锰氧化物结合态等高度生物有效的形态。

1. 仪器设备与试剂

仪器设备和铜标准液制备参见 4.1.3 节。

DTPA 浸提剂：成分为 0.005mol/L DTPA、0.01mol/L $CaCl_2$、0.1mol/L TEA，pH=7.3。称取 1.967g DTPA {[（$HOCOCH_2$）$_2NCH_2 \cdot CH_2$]$_2NCH_2COOH$}溶于 14.92g（13.3mL）TEA [（$HOCH_2CH_2$）$_3 \cdot N$]和少量水中，再将 1.47g 氯化钙（$CaCl_2 \cdot 2H_2O$）溶于水中，一并转至 1L 的容量瓶中，加水至约 950mL，在 pH 计上用盐酸溶液（1∶1）或氨水溶液（1∶1）调节 DTPA 溶液的 pH 至 7.3，加水定容至刻度。该溶液几个月内不会变质，但用前应检查并校准 pH。

2. 操作步骤

1）土样制备

土壤样品剔除杂物并风干后，用四分法分取适量风干样品，研磨过 2mm 孔径的尼龙筛，装入玻璃广口瓶、塑料瓶或洁净的土样袋中，备用。

2）土壤有效态铜的浸提

准确称取 10.00g 土样，置于干燥的 150mL 具塞三角瓶或塑料瓶中，加入（25±2）℃的 DTPA 浸提剂 20.0mL，将瓶塞盖紧，于（25±2）℃的温度下，以（180±20）r/min 的振荡频率振荡 2h 后立即过滤。保留滤液，在 48h 内完成测定。

如果测定需要的试液数量较大，则可称取 15.00g 或 20.00g 土样，但应保证样液比为 1∶2，同时浸提使用的容器应足够大，确保试样的充分振荡。

3）标准工作曲线绘制

配制标准溶液系列：吸取一定量的铜标准溶液（2mL、4mL、6mL、8mL、10mL），分别置于一组 100mL 容量瓶中，用 DTPA 浸提剂稀释至刻度，混匀，以 DTPA 浸提液为空白。在原子吸收分光光度计上分别测量标准溶液中铜的吸光度。以浓度为横坐标，吸光度为纵坐标，绘制铜的标准工作曲线。

4）试液的测定

与标准工作曲线绘制的步骤相同，依次测定空白试液和试样溶液中铜的浓度。试样溶液中测定元素的浓度较高时，可用 DTPA 浸提剂相应稀释，再上机测定。

3. 结果计算

土壤有效铜含量为 ω，单位为 μg/g 或 mg/kg，按下式计算：

$$\omega = \frac{(\rho - \rho_0)VD}{m}$$

式中，ρ 为试样溶液中铜的浓度（μg/mL）；ρ_0 为空白试液中铜的浓度（μg/mL）；V 为加入的 DTPA 浸提剂体积（mL）；D 为试样溶液的稀释倍数；m 为土壤样品的质量（g）。

4. 注意事项

（1）DTPA 提取法适用于 pH 大于 6 的土壤的测定。

（2）DTPA 提取剂中 DTPA 为螯合剂；氯化钙能防止石灰性土壤中游离碳酸钙的溶解，避免因碳酸钙所包蔽的锌、铁等元素释放而产生的影响；三乙醇胺作为缓冲剂，能使溶液 pH 保持在 7.3 左右，对碳酸钙溶解也有抑制作用。

4.3.3　盐酸（HCl）提取法

1. 仪器设备与试剂

仪器设备和铜标准液制备参见 4.1.3 节。

主要试剂：0.1mol/L HCl。

2. 操作步骤

1）土壤有效态铜的浸提

准确称取 10.00g 土样，置于干燥的 150mL 锥形瓶中，按土：液=1：5，加入 0.1mol/L HCl 50.0mL，以（180±20）r/min 的振荡频率振荡 2h 后立即过滤。保留滤液，在 48h 内完成测定。

2）标准工作曲线绘制与试液测定

参见 4.3.2 节。

3. 结果计算

参见 4.3.2 节。

4.3.4　乙二胺四乙酸二钠（EDTA-2Na）提取法

1. 仪器设备与试剂

仪器设备和铜标准液制备参见 4.1.3 节。

0.05mol/L EDTA-2Na，用盐酸溶液（1：1）或氨水溶液（1：1）调节溶液的 pH 至 7.0。

2. 操作步骤

1）土壤有效态铜的浸提

准确称取 10.00g 土样，置于干燥的 150mL 锥形瓶中，按土：液=1：5，加入 0.05mol/L EDTA-2Na 50.0mL，以（180±20）r/min 的振荡频率振荡 2h 后立即过滤。保留滤液，在 48h 内完成测定。

2）标准工作曲线绘制与试液测定

参见 4.3.2 节。

3. 结果计算

参见 4.3.2 节。

4.4 土壤对重金属的吸附、解吸特性

土壤中重金属的吸附-解吸过程直接影响着重金属在土壤及其生态环境中的形态转化、迁移和归趋，最终影响农产品的质量及人类的生存环境。不同土壤类型，土壤性质差异，植物生长或是动物、微生物的活动，都会引起土壤环境中 pH、氧化还原电位、酶系统的活性和有机化合物的活性等发生改变，从而影响土壤中重金属的物理化学行为，如沉淀和溶解、吸附和解吸、络合和离解及氧化和还原等，进而制约它们的形态分布、迁移转化、生物有效性和生物毒性。研究重金属污染物在土壤中吸附-解吸行为的差异，对理解重金属在土壤-植物系统中的迁移、转化及植物有效性具有重要意义，对于重金属污染土壤的修复也具有重要参考价值。下面以重金属铜为例，介绍土壤对重金属的吸附、解吸特性研究方法。

4.4.1 吸附与解吸热力学

1. 仪器设备与试剂

1）仪器设备

容量瓶、烧杯、玻璃棒、滴管、离心管、移液器、电子天平、离心机、恒温振荡机、火焰原子吸收分光光度计。

2）试剂

0.01mol/L 的硝酸钙：在 800mL 去离子水中溶解 2.3615g $Ca(NO_3)_2·4H_2O$，用去离子水定容至 1L。

2. 操作步骤

1）土壤样品处理

采集后的土壤样品风干后备用。使用前，于 55℃干燥直至恒重。将干燥后的土壤样品破碎，通过 1mm 孔径尼龙筛，用来除去砂砾和生物残体，用四分法处理，取其中一份用研钵磨至过 100 目尼龙筛，最后将样品保存备用。

2）吸附等温曲线的绘制

吸附、解吸实验采用一次平衡法，称取土样 1.000g 置于 100mL 锥形瓶中，加入一系列含 Cu^{2+}（溶液含 Cu^{2+}量分别为 1mg/L、2mg/L、5mg/L、10mg/L、20mg/L、25mg/L、50mg/L、100mg/L、200mg/L）的 0.01mol/L 的 $Ca(NO_3)_2$（作为支持电解质）溶液 50mL；恒温振荡 2h（温度 25℃，振荡速度为 200r/min），在（25±1）℃恒温培养箱中静置 24h

取出，4000r/min离心10min，用定性滤纸过滤上清液，过滤后的溶液用原子吸收分光光度法测定Cu^{2+}的浓度，再用差减法计算土壤铜的吸附量，绘出等温吸附关系曲线。

3）解吸等温曲线的绘制

残渣用于解吸实验，向含残渣的离心管中加入0.01mol/L $Ca(NO_3)_2$溶液25mL进行解吸，方法同吸附实验，计算Cu^{2+}的解吸量，绘制解吸量与吸附量关系曲线。

4）空白实验

在所有吸附动力学实验中均设置空白对照，即称取相同量的土样，加入不含铜离子的空白溶液，与外源铜的吸附动力学实验在相同条件下进行吸附实验，在数据处理时应扣除空白吸附-解吸溶液中的铜浓度，空白实验均设置3个重复。

3. 结果计算

（1）根据实验数据绘图确定土样达到吸附（或解吸）平衡所需时间。

（2）吸附量和解吸附量的计算。

①吸附量：

$$Q=\frac{(\rho_0-\rho)V}{M}$$

式中，Q为土壤对铜的吸附量（mg/kg）；ρ_0为溶液中铜的起始浓度（mg/L）；ρ为溶液中铜的平衡浓度（mg/L）；V为溶液的体积（mL）；M为烘干土样重量（g）。由此方程可计算出不同平衡浓度下土壤对铜的吸附量。

②解吸量是指通过解吸实验后，从单位质量土样上解吸到土壤溶液中的铜的含量：

$$Q=V\rho/M$$

式中，Q为土壤对铜的解吸量（mg/kg）；ρ为土壤溶液中铜的平衡浓度（mg/L）；V为溶液的体积（mL）；M为烘干土样重量（g）。

（3）建立土壤吸附（或解吸）等温线：以吸附量（或解吸量）（Q）对浓度（ρ）作图即可制得室温下不同pH条件下土壤对铜的吸附（或解吸）等温线。

（4）建立弗罗因德利希（Freundlich）方程。

土壤对铜的吸附可采用Freundlich吸附等温式来描述。即

$$Q=k\rho^{1/n}$$

式中，Q为土壤对铜的吸附量（mg/g）；ρ为吸附平衡时溶液中铜的浓度（mg/L）；k和n为经验常数，其数值与离子种类、吸附剂性质及温度等有关。

再将Feundlich吸附等温式两边取对数，可得

$$\lg Q=\lg k+\frac{1}{n}\lg\rho$$

以$\lg Q$对$\lg\rho$作图，根据所得直线的斜率和截距可求得两个常数k和n，由此可确定室温时不同pH条件下不同土壤样品对铜吸附的Freundlich方程。

4.4.2 吸附与解吸动力学

1. 仪器设备与试剂

1）仪器设备

容量瓶、烧杯、玻璃棒、滴管、离心管、移液器、电子天平、离心机、恒温振荡机、火焰原子吸收分光光度计。

2）试剂

（1）0.01mol/L NaCl：在 800mL 去离子水中溶解 0.5844g NaCl 固体，用去离子水定容至 1L。

（2）0.1mol/L HNO_3：称取 0.66～0.69mL（浓硝酸含量范围为 65.0%～68.0%）浓硝酸溶液缓缓倒入 800mL 去离子水中，边倒边搅拌，用去离子水定容至 1L。【注意】不可将水注入酸中。

（3）0.1mol/L NaOH：在 800mL 去离子水中溶解 4.167g NaOH 固体（新开瓶的氢氧化钠固体纯度为 96%，约含碳酸盐 3.5%，其他杂质 0.5%），用去离子水定容至 1L。

（4）1.0mol/L KCl 溶液：在 800mL 去离子水中溶解 74.55g KCl 固体，用去离子水定容至 1L。

2. 操作步骤

1）土壤样品处理

采集后的土壤样品风干后备用。使用前，于 55℃干燥直至恒重。将干燥后的土壤样品破碎，通过 1mm 孔径尼龙筛，用来除去砂砾和生物残体，用四分法处理，取其中一份用研钵磨至过 100 目尼龙筛，最后将样品保存备用。

2）铜的吸附动力学实验

称取土样若干份，每份 1.000g 置于锥形瓶中，以 0.01mol/L NaCl 溶液作为支持电解质，加入一系列含 Cu^{2+}（溶液含 Cu^{2+}量分别为 1mg/L、2mg/L、5mg/L、10mg/L、20mg/L、25mg/L、50mg/L、100mg/L、200mg/L）的溶液 50mL；用 0.1mol/L 的 HNO_3 和 NaOH 将混合溶液 pH 调至 4±0.5，恒温（25±1）℃下，分别振荡 5min、10min、20min、40min、60min、120min、240min、360min、720min、1440min，4000r/min 离心 20min，用定性滤纸过滤离心管中的上清液，过滤后的溶液用原子吸收分光光度法测定上清液中 Cu^{2+}的浓度，再用差减法计算土壤铜的吸附量，实验组均设 3 个重复。

3）铜的解吸动力学实验

残渣用于解吸实验，向含残渣的离心管中加入 20mL 1.0mol/L KCl 溶液，用以解吸吸附的铜，恒温（25±1）℃分别振荡 5min、10min、20min、40min、60min、120min、240min、360min、720min、1440min，4000r/min 离心 20min，用定性滤纸过滤离心管中的上清液，过滤后的溶液用原子吸收分光光度法测定上清液中 Cu^{2+}的浓度，根据吸附平衡液的浓度、残留液体积和不同时间的解吸浓度来计算土壤铜的解吸量。

4）空白实验

由于土壤中的活性铜含量较高，在吸附过程中土壤中的活性铜也可以溶出，解吸过程中也可能溶出一部分交换态铜，这些铜都会对实验数据产生影响。因此，在所有吸附动力学实验中均须设置空白对照，即称取相同量的土样，加入不含铜离子的空白溶液，与外源铜的吸附动力学实验相同条件下进行吸附实验，在数据处理时应扣除空白吸附-解吸溶液中的铜浓度，空白实验均设置 3 个重复。

3. 结果计算

（1）吸附（或解吸）动力学曲线。

（2）吸附（或解吸）动力学速率与时间的关系。

不同反应阶段吸附（或解吸）速率（V）与时间（t）的关系可以用双常数速率方程来描述，其表达式如下：

$$\ln V=A+B\ln t$$

式中，V 为不同反应阶段的吸附（或解吸）速率；t 为时间；A 和 B 为常数。B 为反应速率随时间延长，吸附（或解吸）速率下降快慢的量度（即下降率），B 越小，表明吸附（或解吸）速率下降越快；A 为反应初期反应速率的量度，A 越大，表明反应初期（即 t=1min 时）的反应速率越快。

（3）吸附（或解吸）动力学模型。

描述土壤吸附（或解吸）动力学过程的方程较多，目前常用的有 Elovich 方程、双常数方程、一级动力学方程和抛物线扩散方程，其表达式分别为

$$S=a+b\ln t$$

$$\ln S=a+b\ln t$$

$$\ln S=a+bt$$

$$S/S_{max}=a+bt$$

式中，S 为 t 时间的吸附量（或解吸量）；t 为反应时间；S_{max} 为饱和（即最大）吸附量（或解吸量）；a 和 b 为模型常数。

第5章　土壤酶活性与土壤呼吸强度的测定

自1899年Woods在美国俄亥俄州召开的美国科学进步学会年会上提出有关土壤酶的研究报告后，伴随着植物、动物和生物化学等方面研究的众多进步，土壤酶学开始在环境科学研究中得到广泛应用。酶作为土壤的组成部分，其活性的大小可较灵敏地反映土壤中生化反应的方向和强度。到20世纪70年代，国内外学者将土壤酶学广泛地应用到土壤重金属污染的研究领域中，在应用土壤酶进行土壤肥力评价、土壤污染诊断、土壤污染修复及其修复效果的评价等方面取得了众多的研究成果。土壤酶在土壤养分循环以及植物生长所需养分的供给过程中扮演着重要角色，酶活性的高低不仅表明了土壤的养分状况，而且也在一定程度上反映着土壤生物的活动状况。土壤酶的成分是蛋白质，是活分子。土壤受重金属污染后，土壤酶活性必然会受到影响。一方面重金属离子对酶蛋白作用，另一方面重金属离子能影响土壤微生物（细菌、真菌、放线菌）及土壤动物，也会通过影响植物的生长和发育，影响土壤酶的来源，间接地影响土壤酶的活性。土壤中重金属的种类、离子价、土壤的机械组成和有机质质量分数、土壤的pH、水分含量、温度等均可以显著影响土壤酶的活性。

5.1　土壤蔗糖酶活性测定

蔗糖酶是根据其酶促基质——蔗糖而得名的，又叫转化酶或β-呋喃果糖苷酶。它对增加土壤中易溶性营养物质起着重要的作用。研究证明，蔗糖酶与土壤许多因子有相关性。如与土壤有机质、氮、磷含量，微生物数量及土壤呼吸强度有关。一般情况下，土壤肥力越高，蔗糖酶活性越强。它不仅能够表征土壤生物学活性强度，也可以作为评价土壤熟化程度和土壤肥力水平的一个指标。

蔗糖酶能够酶促蔗糖水解生成葡萄糖和果糖。蔗糖酶活性的测定方法有用酶学的方法测量所产生的葡萄糖（滴定法或重量法）或是根据蔗糖的非还原性，用生成物（葡萄糖和果糖）能够还原斐林溶液中的铜，再根据生成的氧化亚铜的量得到糖的含量。也可根据蔗糖水解的生成物的与某种物质（3,5-二硝基水杨酸或磷酸铜）生成的有色化合物进行比色测定。

目前，我国常用的主要是硫代硫酸钠测定法，它是测定土壤蔗糖酶活性的经典方法。3,5-二硝基水杨酸比色法重现性较好，且手续较简便，适用于成批样品测定。

测定土壤蔗糖酶活性时，均以蔗糖为基质，蔗糖液浓度范围为5%～20%。在酸性介质中，蔗糖酶活性最大。为保持该酶的最适pH，多使用下列缓冲液：醋酸盐缓冲液（pH=4.5～5.5）、磷酸盐缓冲液（pH=4.9～5.5）、醋酸盐-磷酸盐缓冲液（pH=5.5）。

5.1.1　土壤蔗糖酶活性的比色法测定

1. 试剂配制

（1）3,5-二硝基水杨酸溶液：称 0.5g 二硝基水杨酸，溶于 20mL 2mol/L 氢氧化钠溶液和 50mL 水中，再加 18.2g 酒石酸钾钠，用水稀释至 100mL（保存不超过 7d）。

（2）pH=5.5 磷酸缓冲液：1/15mol/L 磷酸氢二钠（1.867g $Na_2HPO_4 \cdot 2H_2O$ 溶于 1L 蒸馏水中）0.5mL 加 1/15mol/L 磷酸二氢钾溶液（9.078g KH_2PO_4 溶于 1L 蒸馏水中）9.5mL 即成。

（3）8%蔗糖溶液。

（4）甲苯。

（5）标准葡萄糖溶液：将葡萄糖先在 50～58℃条件下，真空干燥至恒重。然后取 500mg 溶于 100mL 苯甲酸溶液中（5mg 还原糖/mL），即成标准葡萄糖溶液。再用标准液制成 1mL 含 0.01～0.5mg 葡萄糖的工作溶液。

（6）标准曲线绘制：取 1mL 不同浓度的工作液，并按与测定蔗糖酶活性同样的方法进行显色，比色后以光密度值为纵坐标，葡萄糖浓度为横坐标绘制成标准曲线。

2. 操作步骤

称 5g 风干土，置于 50mL 三角瓶中，注入 15mL 8%蔗糖溶液，5mL pH=5.5 磷酸盐缓冲液和 5 滴甲苯。摇匀混合物后，放入恒温箱，在 37℃下培养 24h。到时取出，迅速过滤。从中吸取滤液 1mL，注入 50mL 容量瓶中，加 3mL 3,5-二硝基水杨酸，并在沸腾的水浴锅中加热 5min，随即将容量瓶移至自来水流下冷却 3min。

溶液因生成 3-氨基-5-硝基水杨酸而呈橙黄色，最后用蒸馏水稀释至 50mL，并在分光光度计上于 508nm 波长处进行比色。

为了消除土壤中原有的蔗糖、葡萄糖而引起的误差，每一土样需做无基质对照，整个实验需做无土壤对照。

3. 结果计算

蔗糖酶活性以 24h 后 1g 土壤葡萄糖的毫克数表示：

$$葡萄糖质量（mg）=a \times 4$$

式中，a 为从标准曲线查得的葡萄糖毫克数（mg）；4 为换算成 1g 土的系数。

5.1.2　土壤蔗糖酶活性的滴定法测定

1. 试剂配制

（1）20%蔗糖。

（2）甲苯。

（3）pH=5.5 的醋酸盐-磷酸盐缓冲液。

（4）33% KI 液。

（5）H_2SO_4（1∶3）。

（6）淀粉指示剂：取0.5g淀粉溶于少许水中，加10mL煮沸的25% NaCl溶液，煮沸1min。

（7）0.1mol/L $Na_2S_2O_3$滴定液：配制方法与标定方法见多酚氧化酶滴定。

（8）斐林溶液：将69.28g五水硫酸铜溶于1L蒸馏水（a）；将346g的四水酒石酸钾钠和100g氢氧化钠溶于1L蒸馏水（b）。使用前将（a）（b）按1∶1混合。

2. 操作步骤

取10g土壤置于100mL三角瓶中，用1.5mL甲苯处理15min。加10mL 20%蔗糖和10mL pH=5.5醋酸盐-磷酸盐缓冲液，摇匀后放在37℃恒温箱中培养24h。

培养结束后，加50mL蒸馏水，摇荡后过滤。取20mL滤液移至100mL三角瓶中，加10mL斐林溶液。在沸水浴上放置10min，冷却至室温后再加3mL 33% KI溶液和4mL H_2SO_4（1∶3）。然后用0.1mol/L NaS_2O_3滴定，至终点前加淀粉指示剂，再滴定至蓝色消失。实验设以水（20mL）代替基质的对照。

蔗糖酶活性：用对照与实验的0.1mol/L NaS_2O_3滴定毫升数之差表示。

5.2 土壤过氧化氢酶活性的测定

5.2.1 土壤过氧化氢酶活性的容量法测定

过氧化氢酶广泛存在于土壤中和生物体内。土壤过氧化氢酶促进过氧化氢的分解有利于防止它对生物体的毒害作用。过氧化氢酶活性与土壤有机质含量有关，与微生物数量也有关。

一般认为，土壤中催化过氧化氢分解的活性，有30%或40%以上是耐热的，即非生物活性，常由锰、铁引起催化作用。土壤肥力不与耐热的过氧化氢酶活性成正比例。

过氧化氢酶能酶促过氧化氢分解成分子氧和水。

在硫酸存在下，高锰酸钾能够与过氧化氢反应生成水和氧气。当过氧化氢与土壤相互作用时，未分解的过氧化氢的数量可以用容量法（常用高锰酸钾滴定未被分解的过氧化氢）测定。反应方程式如下：

$$2KMnO_4+5H_2O_2+3H_2SO_4 \longrightarrow 2MnSO_4+K_2SO_4+8H_2O+5O_2$$

1. 仪器设备与试剂

1）仪器设备

振荡器、滴定架、滴定管等。

2）试剂

0.3%过氧化氢溶液。

3mol/L 硫酸。

0.1mol/L 高锰酸钾溶液。

2. 操作步骤

（1）取 2g 风干土，置于 100mL 三角瓶中，并注入 40mL 蒸馏水和 5mL 0.3%过氧化氢溶液。

（2）将三角瓶放在往复式振荡机上，振荡 20min。

（3）然后加入 5mL 0.15mol/L 硫酸，以稳定未分解的过氧化氢。

（4）再将瓶中悬液用慢速型滤纸过滤。

（5）吸取 25mL 滤液，用 0.02mol/L 高锰酸钾溶液滴定至淡粉红色终点。

3. 结果计算

用于滴定土壤滤液所消耗的高锰酸钾量（毫升数）为 B，用于滴定 25mL 原始的过氧化氢混合液所消耗的高锰酸钾量（毫升数）为 A。

（A–B）×T 即为过氧化氢酶活性，以 20min 后 1g 土壤的 0.02mol/L 高锰酸钾的毫升数表示。其中，T 为高锰酸钾滴定度的校正值。

5.2.2　土壤过氧化氢酶活性的紫外分光光度法测定

过氧化氢酶能酶促过氧化氢分解生成水和氧气。通过加入定量过量的过氧化氢，与土壤作用一段时间后，加入量与剩余量之差即为被酶催化反应消耗的过氧化氢，以此表示酶活性。过氧化氢（H_2O_2）在 240nm 处有强烈吸收。通过测定与土壤反应后溶液在此波长下的吸光度，即可得到溶液中过氧化氢的浓度，从而可计算土壤过氧化氢酶的活性。

1. 仪器设备与试剂

1）仪器设备

振荡器、紫外分光光度计。

2）试剂

0.3% H_2O_2：取 30% H_2O_2 试剂稀释 100 倍即可，溶液的准确浓度用高锰酸钾标定。

1.5mol/L 硫酸：取 42mL 浓硫酸，稀释后定容至 500mL。

饱和铝钾矾：铝钾矾即明矾[$KAl(SO_4)_2 \cdot 12H_2O$]，在 20℃溶解度为 10.84g，30℃的溶解度为 15.41g。

0.01mol/L 高锰酸钾：称取 3.16g 高锰酸钾（$KMnO_4$）溶解后定容至 1L，其准确浓度用标准草酸钠标定。

2. 操作步骤

（1）称取土样 2.00g 于三角瓶中，加入 40mL 蒸馏水，加入 5mL 0.3% H_2O_2 溶液，在振荡机上振荡 20min。

（2）取下后迅速加入饱和铝钾矾溶液 1mL，立即过滤于盛有 5mL 1.5mol/L 硫酸溶液的三角瓶中。

（3）将滤液直接在 240nm 处用 1cm 石英比色皿测定吸光度 A_s。同时做无土壤和无基质对照。

3. 酶活性的计算

$$E = \frac{A_e \times T}{W}$$

$$A_e = A_0 - A_s + A_k$$

$$T = \frac{CV}{A_0} \times \frac{51}{V_0} \times 17$$

式中，E 是土壤过氧化氢酶活性（U）；W 为土样重量（g）；T 是单位吸光度相当于的过氧化氢的毫克数（mg）；A_0 是无土壤对照即空白溶液的吸光度；A_s 是样品溶液的吸光度；A_k 是无基质对照溶液的吸光度；C 是高锰酸钾的浓度（mol/L）；V 是吸取 V_0（mL）的无土壤对照即空白溶液用高锰酸钾滴定所消耗的高锰酸钾溶液的体积（mL）。

5.3　土壤脲酶活性的测定

脲酶广泛存在于土壤中，是目前研究得相对比较深入的一种土壤酶。脲酶专一性较强，它能酶促尿素水解产生氨、二氧化碳和水，其中氨是植物的氮源之一。尿素氮肥水解与脲酶密切相关，土壤类型、剖面层次、作物种植、肥力水平等因素均会对土壤中的脲酶活性产生显著影响。脲酶在土壤中主要有直接与土壤微生物结合的脲酶和吸附在土壤颗粒上的脲酶两种存在形式。研究土壤脲酶转化尿素的作用及其调控技术，对提高尿素氮肥利用率有重要意义。土壤脲酶动力学特征不仅可以显示土壤中脲酶含量的高低，而且能够反映土壤脲酶与底物、土壤有机-无机复合体等之间结合的紧密程度和作用过程，加强对土壤脲酶，尤其是脲酶土壤动力学特征的研究，有利于深入了解土壤脲酶的作用机理，也使得脲酶在环境污染监测与修复研究中能够得到更好的应用。

5.3.1　土壤脲酶活性的比色法测定

脲酶是一种专性较强的酶，它能酶促尿素水解生成氨、二氧化碳和水。本实验中以尿素为基质，根据脲酶酶促产物——氨在碱性介质中与特定指示剂的反应来进行测定。该反应包括下面两种类型。

（1）与奈斯勒（Nessler）试剂作用生成黄色的碘化双汞铵，该生成物数量与氨量有关；

$$2NH_4OH+4(HgI_2+2KI)+6NaOH \longrightarrow 2O\begin{matrix}Hg\\ \diagup\quad\diagdown\\ \\ \diagdown\quad\diagup\\ Hg\end{matrix}NH_2I+8KI+6NaI+6H_2O$$

（2）与苯酚-次氯酸钠作用（在碱性的溶液中及在亚硝基铁氰化钠催化剂存在下）生成蓝色的靛酚，该生成物数量与氨浓度成正比。

反应式如下：

$$NH_3+NaOCl \longrightarrow NH_2Cl+NaOH$$

$$NH_2Cl+C_6H_5OH+NaOH \longrightarrow NH_2C_6H_4OH+NaCl+H_2O$$

$$NH_2C_6H_4OH+NaOCl \longrightarrow NHC_6H_4O+NaCl+H_2O$$

$$NHC_6H_4O+NaOCl \longrightarrow OC_6H_4NCl+NaOH$$

$$OC_6H_4NCl+C_6H_5OH+2NaOH \longrightarrow OC_6H_4NC_6H_4ONa\text{（靛酚）}+NaCl+2H_2O$$

此法的结果精确性较高，重现性较好。

1. 仪器设备与试剂

1）仪器设备

电子天平、玻璃器皿、分光光度计、恒温光照培养箱等。

2）试剂

（1）pH=6.7 柠檬酸盐缓冲液：取 368g 柠檬酸溶于 600mL 蒸馏水中，另取 295g 氢氧化钾溶于水，再将两种溶液合并，用 1molL 氢氧化钠溶液将 pH 调至 6.7，并用水定容至 2L。

（2）苯酚钠溶液：称 62.5g 苯酚溶于少量乙醇中，加 2mL 甲醇和 18.5mL 丙酮，然后用乙醇稀释至 100mL（A 液），存于冰箱中。称 27g NaOH 溶于 100mL 水中（B 液），存于冰箱中。使用前，取 A、B 两液各 20mL 混合，并用蒸馏水稀释至 100mL 备用。

（3）次氯酸钠溶液：将分析纯次氯酸钠用水稀释至活性氯的浓度为 0.9%（具体操作时，将 17.3mL 分析纯次氯酸钠用水定容至 100mL 即可）。

（4）10%尿素液：10g 尿素＋90mL 水；50g 尿素＋450mL 水。

（5）甲苯。

（6）氮的标准溶液：精确称取 0.4717g 硫酸铵溶于水并稀释至 1000mL，则得 1mL 含 0.1mg 氮的标准液。绘制氮的标准曲线时，可将此液稀释 10 倍备用。

2. 操作步骤

（1）称取过 100 目筛的 5g 风干土，置于 50mL 三角瓶中，加 1mL 甲苯。15min 后加 10mL 10%尿素液和 20mL pH=6.7 的柠檬酸缓冲液。摇匀后在 37℃恒温箱中培养 24h。

（2）培养结束后将样品过滤，过滤后取 1mL 滤液加入 50mL 容量瓶中，再加 4mL 苯酚钠溶液和 3mL 次氯酸钠溶液，随加随摇匀。20min 后显色，然后定容至 50mL 并在 1h 内在分光光度计于 578nm 波长处比色（靛酚的蓝色在 1h 内保持稳定）。

（3）标准曲线绘制：用吸管吸取稀释的标准液 1mL、3mL、5mL、7mL、9mL、11mL、13mL，分别移于 50mL 容量瓶中，然后加蒸馏水至 20mL。再加入 4mL 苯酚钠溶液和 3mL 次氯酸钠溶液，边加边轻轻摇匀。20min 后显色，定容至 50mL。1h 内在分光光度计上于 578nm 波长处比色。根据光密度值与溶液浓度绘制标准曲线。

3. 结果计算

脲酶活性（*M*）以 24h 后 1g 土壤中 NH_3-N 的毫克数表示。

$$M = X \times \frac{31}{3 \times 5}$$

式中，X为从标准曲线查得的NH_3-N毫克数（mg）；$\frac{31}{3 \times 5}$为换算成1g土的系数。

5.3.2　土壤脲酶动力学参数的测定

动力学是研究土壤酶促反应机制的重要手段之一，土壤脲酶的动力学特征不仅可以表征土壤脲酶活力的大小，而且对于揭示脲酶催化作用机理也十分重要。土壤脲酶的K_m值是表征土壤脲酶与底物结合牢固程度的指标，当K_m值小时，亲和力大，酶与底物结合牢固。

土壤脲酶酶促反应的最大反应速度V_{max}是总酶量的量度，可表征土壤中具有活性酶的数量及酶–底物中间络合物解离成酶和产物的速度，是实现某种酶过程的土壤潜在能力的容量指标。在较大范围内，V_{max}/K_m是酶促反应初速度最重要的指标。

脲酶特异性地促使脲水解释放出氨和二氧化碳，其反应如下：

$$CO(NH_2)_2 + H_2O \longrightarrow CO_2 + 2NH_3$$

通过测定氨的释放速度，就可得知水解速度。文献中多采用奈斯勒（Nessler）试剂显色法测定所释放的氨量，由于该方法手续较繁，试剂也较贵，我们只用奈氏试剂作酶活力初步鉴定，而以康韦（Conway）微量等温蒸馏定氨法测定氨量。

康韦微量等温蒸馏定氨法原理：用饱和碳酸钾（强碱）溶液将样品中的氨逐出，在恒温条件下扩散至康韦（Conway）皿密闭空间中，被硼酸指示剂混合液吸收。硼酸的酸度改变引起其中指示剂的颜色变化，以标准盐酸溶液中和所吸收的氨，使指示剂恢复至原来的颜色，由消耗盐酸的量，可以计算出样品中的含氨量。其反应如下：

$$NH_4^+ + OH^- \longrightarrow NH_3 + H_2O$$

$$NH_3 + H_3BO_3 \longrightarrow NH_4^+ + H_2BO_3^-$$

$$H_2BO^- + H^+ \longrightarrow H_3BO_3$$

硼酸指示剂混合液变色范围是pH=4.26为粉红色，pH=4.90为绿色。

1. 仪器设备与试剂

1）仪器设备

制康韦皿的铜制金属模具、微量水平滴定管、蜡制康韦皿及玻璃盖、恒温箱。

2）试剂

（1）饱和碳酸钾镕液：取112g碳酸钾加100mL水溶解。

（2）0.0100mol/L标准盐酸溶液：用前标定。

（3）阿拉伯胶溶液：阿拉伯胶粉∶水∶甘油∶碳酸钾=10∶15∶5∶5。以质量比例混合后小火加热溶解，不断搅拌防止不均匀或局部烧焦，配好后储存于硫酸干燥器中备用。

（4）硼酸指示剂混合液：称取1g硼酸用水溶解，稀释至98mL，再加入2mL混合指示剂，用稀氢氧化钠溶液调至紫红色。

混合指示剂：将 33mg 溴甲酚绿及 66mg 甲基红一起溶于乙醇，稀释至 100mL。

（5）0.0200mol/L 标准硫酸铵溶液：精确称取 0.6609g 分析纯硫酸铵，用水溶解后定容到 500mL。

（6）甲苯。

（7）尿素溶液（浓度分别是 0.01mol/L、0.025mol/L、0.05mol/L、0.1mol/L、0.2mol/L）。

（8）pH=6.7 柠檬酸缓冲液。

2. 操作步骤

（1）供试土壤为未受污染土壤，采样时先去除 0～5cm 表面土样，然后用五点法采集 5～20cm 土样，供试土壤均匀风干后挑除植物残体，过 2mm 尼龙筛备用。

（2）用常规方法测定土壤理化性质。

（3）取上述土样 5.00g，加入 1mL 甲苯 15min 后，添加 10mL 不同浓度（0.01mol/L、0.025mol/L、0.05mol/L、0.1mol/L、0.2mol/L）的尿素溶液和 20mL pH=6.7 的柠檬酸缓冲液，迅速混匀，计时，继续保温，在一定时间（例如第 2min、5min、7min、10min、15min）取出 0.2mL 反应液，加入已预先准备好的康韦皿外室中，立即盖紧玻璃盖，使不漏气，然后迅速使样品和饱和碳酸钾溶液混合。每次取样，混合所用时间越短越好。待样品全部取完，把康韦皿用线绳捆紧一起放入 30℃恒温箱内，保温 1h 后，取出用微量水平滴定管以 0.0100mol/L 标准盐酸进行滴定。

（4）以时间为横坐标（min）、盐酸滴定值（cm）为纵坐标作图，由直线的斜率求出不同底物浓度相应的初速度，再将 cm/min 单位换算成氨 μmol/min。

以 S/V 为纵坐标，$[S]$为横坐标作图，求出 K_m 和 V_{min}，图中截距=K_m/V_{min}，斜率=$1/V$，横抽截距=$1/K_m$。此处 V 仅是相对值，只有知道酶溶液的蛋白质毫克数后才能求出真正的 V。

（5）用康韦微量等温蒸馏定氨法测定氨量。

①康韦皿的结构与制造：康韦皿是由玻璃、瓷或石蜡制成的浅皿，分内外两室，外室比内室高，边缘必须齐平，盖上玻璃片后与外室边缘不得有缝隙或缺口。

②微量水平滴定管的构造和标定：微量水平滴定管是一只粗细均匀内径约 1mm 的毛细玻璃管。玻璃管前端拉尖，另一端套一小段透明橡皮管便于吸取溶液。玻璃管固定于 50cm 长的标尺上。

用汞标定每厘米毛细管体积的简便方法如下：吸入一定量汞（约 10cm），微微移动标尺，使汞在毛细管内滑动，读出等量汞在标尺前段、后段和中间时所占的厘米数，3 次读数相差不得超过 0.1cm，否则表明毛细管粗细不均匀，不适合使用。然后挤出汞，称重，如此重复 3 次取平均值。测量汞的温度，再查汞的密度表，可求出平均每厘米毛细玻璃管相当的毫升数。由于毛细管往往不均匀，最好每 1cm 逐段标定。

③标准硫酸铵的滴定曲线：准备 11 个干净康韦皿，在内室各加 0.1mL 硼酸指示剂混合液，康韦皿边缘点上一圈阿拉伯胶，外室一角加入 0.5mL 饱和碳酸钾溶液。按表 5-1 分别在康韦皿另一角加入 0.2mL 经稀释的 0.02mol/L 标准硫酸铵溶液。在未盖严玻璃片

前不能使饱和碳酸钾溶液与样品混合，盖玻璃片时略压紧，必须使阿拉伯胶充满康韦皿与玻璃盖间的空隙。为了防止保温时玻璃盖滑开，可以将3～4个康韦皿用绳捆成一叠，再拿到30℃恒温箱保温14h，待氨释放完全后，用微量水平滴定管以0.01mol/L标准盐酸滴定，滴定时可用玻棒搅拌内室溶液，指示剂由绿变成微红不消失，则为滴定终点，绘出硫酸铵的滴定标准曲线。

表5-1　标准硫酸铵溶液稀释倍数

0.02mol/L 标准硫酸铵溶液/mL	水/mL	总体积/mL
0	10	10
1	9	10
2	8	10
3	7	10
4	6	10
5	5	10
6	4	10
7	3	10
8	2	10
9	1	10
10	0	10

3. 结果计算

动力学参数的计算米氏方程：

$$V=V_{max}[S]/[S]+K_m$$

式中，V为酶促反应初始浓度；V_{max}为最大反应速度；S为底物浓度；K_m为米氏常数。

方程经过数学变换，变形为

$$1/V=K_m/V_{max}\times 1/[S]+1/V_{max}$$

用SigmaPlot软件进行拟合，即可求得K_m和V_{max}。

4. 注意事项

（1）要保证康韦皿清洁，用过的康韦皿先用自来水把阿拉伯胶冲洗干净，再用肥皂刷洗，放在约0.05mol/L硫酸溶液中浸泡2～3h，取出，用水冲洗至中性，最后用蒸馏水冲洗，甩去水滴，放在瓷盘内晾干，切不可在温箱内烘烤，以防蜡皿变形。

（2）保温使氨扩散时，谨防漏气，不能使用边缘不平的蜡皿，阿拉伯胶涂得过多则玻片易滑开，涂得过少也会漏气。

（3）严防碱液溅入中央小室，加入样品和饱和碳酸钾溶液时不可吹入；滴定时沾有阿拉伯胶的玻璃棒不可放入中央小室搅拌。

（4）实验室环境中不应有氨气。

5.4　土壤磷酸酶活性测定

磷酸酶能酶促有机磷化合物的水解。实验表明，土壤微生物对于土壤含磷有机物的矿化起着主要的作用；某些高等植物的根系也有磷酸酶活性。土壤的磷酸酶活性可以表征土壤的肥力状况（特别是磷的状况）。

测定磷酸酶主要根据酶促生成的有机基团量或无机磷量计算磷酸酶活性。前一种通常称为有机基团含量法，是目前较为常用的测定磷酸酶的方法；后一种称为无机磷含量法。研究证明，磷酸酶有三种最适 pH：4～5、6～7、8～10。因此，测定酸性、中性和碱性土壤的磷酸酶，要提供相应的 pH 缓冲液才能测出该土壤的磷酸酶最大活性。测定磷酸酶常用的 pH 缓冲体系有乙酸盐缓冲液（pH=5.0～5.4）、柠檬酸盐缓冲液（pH=7.0）、三羟甲基氨基甲烷缓冲液（pH=7.0～8.5）和硼酸缓冲液（pH=9～10）。磷酸酶测定时常用的基质有磷酸苯二钠、酚酞磷酸钠、甘油磷酸钠、α-或者 β-萘酚磷酸钠等。现介绍磷酸苯二钠比色法。

1. 仪器设备与试剂

1）仪器设备

玻璃器皿、分光光度计、恒温光照培养箱等。

2）试剂

（1）缓冲液：

醋酸盐缓冲液（pH=5.0）：配制 0.2mol/L 醋酸溶液（取 11.55mL 95%冰醋酸溶于水，定容至 1L）和 0.2mol/L 醋酸钠溶液（取 16.4g $C_2H_3O_2Na$ 或 27g $C_2H_3O_2Na\cdot3H_2O$ 溶于水，定容至 1L），取 14.8mL 0.2mol/L 醋酸溶液和 35.2mL 0.2mol/L 醋酸钠溶液，混合后稀释至 1L。

柠檬酸盐缓冲液（pH=7.0）：配制 0.1mol/L 柠檬酸溶液（取 19.2g $C_6H_7O_8$ 溶于水，定容至 1L），然后配制 0.2mol/L 磷酸氢二钠溶液（取 53.63g $Na_2HPO_4\cdot7H_2O$ 或者 71.7g $Na_2HPO_4\cdot12H_2O$ 溶于水，定容至 1L），取 6.4mL 0.1mol/L 柠檬酸溶液加 43.6mL 0.2mol/L 磷酸氢二钠溶液，稀释至 100mL。

硼酸盐缓冲液（pH=9.6）：配制 0.05mol/L 硼砂溶液（取 19.05g 硼砂溶于水，定容至 1L），然后配制 0.2mol/L NaOH 溶液（取 8g NaOH 溶于水，定容至 1L），取 50mL 0.05mol/L 硼砂溶液加 23mL 0.2mol/L NaOH 溶液，稀释至 200mL。

（2）0.5%磷酸苯二钠（用缓冲液配制）。

（3）氯代二溴对苯醌亚胺试剂：称取 0.125g 氯代二溴对苯醌亚胺，用 10mL 96%乙醇溶解，贮于棕色瓶中，存放在冰箱里。保存的黄色溶液未变褐色之前均可使用。

（4）甲苯。

（5）0.3%硫酸铝溶液。

（6）酚标准溶液。

酚原液：取 1g 重蒸酚溶于蒸馏水中，稀释至 1L，存于棕色瓶中。

酚工作液（0.01mg/mL）：取 10mL 酚原液稀释至 1L。

2. 操作步骤

称 5g 土样置于 200mL 三角瓶中，加 2.5mL 甲苯，轻摇 15min 后，加入 20mL 0.5% 磷酸苯二钠，仔细摇匀后放入恒温箱，37℃下培养 24h。然后在培养液中加入 100mL 0.3% 硫酸铝溶液并过滤。吸取 3mL 滤液于 50mL 容量瓶中，然后按绘制标准曲线方法显色。用硼酸缓冲液时，呈现蓝色，于分光光度计上 660nm 处比色。每一个样品应该做一个无基质对照，以等体积的蒸馏水代替基质，其他操作与样品实验相同，以排除土样中原有的氨对实验结果的影响。整个实验设置一个无土对照，不加土样，其他操作与样品实验相同，以检验试剂纯度和基质自身分解。如果样品吸光值超过标准曲线的最大值，则应该增加分取倍数或减少培养的土样。

标准曲线绘制：取 0mL、1mL、3mL、5mL、7mL、9mL、11mL、13mL 酚工作液，置于 50mL 容量瓶中，每瓶加入 5mL 硼酸缓冲液和 4 滴氯代二溴对苯醌亚胺试剂，显色后稀释至刻度，30min 后，在分光光度计上 660nm 处比色。以显色液中酚浓度为横坐标，吸光值为纵坐标，绘制标准曲线。

3. 结果计算

以 24h 后 1g 土壤中释放出的酚的质量（mg）表示磷酸酶活性：

$$磷酸酶活性（mg）=a\times 8$$

式中，a 为从标准曲线上查得的酚毫克数（mg）；8 为换算成 1g 土的系数。

5.5　土壤淀粉酶活性的测定

淀粉是土壤中有机残体的组成成分。淀粉酶能使淀粉水解生成糊糖和麦芽糖，它是参与自然界碳素循环的一种重要的酶。

淀粉水解生成的麦芽糖在麦芽糖酶继续作用下，部分水解生成葡萄糖，因此根据淀粉水解时生成的还原糖量表示淀粉酶活性。

测定土壤淀粉酶活性时，由于淀粉酶最大活性多在 pH 较低时出现，所以常选用 pH=5.5 醋酸缓冲液、pH=5.6 磷酸盐缓冲液。基质可用淀粉，其浓度范围为 0.5%～5%。

1. 仪器设备与试剂

1）仪器设备

电子天平、分光光度计、恒温光照培养箱、玻璃器皿等。

2）试剂

（1）2%淀粉。

（2）甲苯。

（3）3,5-二硝基水杨酸溶液：称取 0.5g 二硝基水杨酸，溶于 20mL 2mol/L 氢氧化钠溶液和 50mL 水中，再加入 30g 酒石酸钾钠，用水稀释至 100mL（不超过一周）。

（4）麦芽糖（$C_{12}H_{22}O_{11}\cdot H_2O$）标准溶液：配制每毫升含 0.02～2mg 麦芽糖液为标准液。

2. 操作步骤

称 5g 过 100 目筛风干土，置于 50mL 三角瓶中，并加入 1.5mL 甲苯，15min 后，注入 10mL 水和 5mL 2%淀粉溶液，摇匀混合物后，放入恒温箱，在 37℃下培养 24h。

另设无基质和无土对照。

培养结束时，加入 35mL 水，迅速过滤至 50mL 容量瓶，并用水定容。从中吸取滤液 1mL，注入 25mL 容量瓶中，加 3mL 3,5-二硝基水杨酸，并在沸腾的水浴锅中加热 5min，随即将容量瓶移至自来水流下冷却 3min。溶液因生成 3-氨基-5-硝基水杨酸而呈橙黄色，最后用蒸馏水定容至 25mL，15min 后在分光光度计上于 508nm 波长处比色。

每一土壤需做无基质对照，整个实验需做无土壤对照。

在分析样品的同时，取 0mL、1mL、2mL、3mL、4mL、5mL、6mL、7mL 葡萄糖工作液，分别注入 50mL 容量瓶中，并按与测定淀粉酶活性同样的方法进行显色，比色后以吸光度为纵坐标、葡萄糖浓度为横坐标绘制标准曲线。

3. 结果计算

以 5h 后 1g 土壤中葡萄糖的质量（mg）表示淀粉酶活性（Suc）：

$$\mathrm{Suc}=a/5$$

式中，a 为样品吸光值由标准曲线求得的葡萄糖浓度（mg/mL）；5 为换算成 1g 土重的系数。

5.6　土壤多酚氧化酶的活性测定

多酚氧化酶参与土壤有机组成中芳香族化合物的转化作用。土壤中的酚类物质在多酚氧化酶作用下氧化生成醌，醌与氨基酸等通过一系列生物化学过程缩合成最初的胡敏酸分子。所以，多酚氧化酶是腐殖化的一种媒介。它是土壤氧化还原酶中了解得比较多的一种酶。

根据多酚氧化酶酶促基质生成的醌，在酸性条件下，用标准碘液滴定生成稳定蓝色络合物，以碘的体积表示酶的活性。此法要注意保证反应所需的酸度，对碱性土壤应加过量的酸，才易达到滴定终点。

1. 仪器设备与试剂

1）仪器设备

水浴锅、电子天平、玻璃器皿等。

2）试剂

（1）0.1%抗坏血酸。

（2）10%磷酸。

（3）1%可溶性的淀粉。

（4）0.02mol/L 邻苯二酚：取 0.55g 邻苯二酚加 100mL 蒸馏水即成。

（5）0.005mol/L I_2 的标准滴定液：

I_2 溶液的配制：取 1.3g I_2 和 2g KI（不含 KIO_3），加 20mL 水搅拌，使之溶解。然后稀释至 1L，保存在棕色瓶中待用。使用前，用 $Na_2S_2O_3$ 标准液标定。

0.005mol/L I_2 标准液的标定：取 $Na_2S_2O_3$ 标准液 25mL，放入 250mL 三角瓶中，加 50mL 蒸馏水和 5mL 淀粉溶液，用 I_2 溶液滴定至溶液由无色变为蓝色，计算 I_2 溶液的浓度。

$Na_2S_2O_3$ 标准液配制：溶解在刚煮沸而冷却了的蒸馏水中，加入少量的 $NaCO_3$，稀释至 1L，保存在棕色的瓶中待用。用标定剂（K_2CrO_7）标定。

K_2CrO_7 标定剂的配制：准确称取 0.1500g 分析纯 K_2CrO_7 于 500mL 三角瓶中，加入 30mL 蒸馏水，加 2g KI 和 5mL 6mol/L HCl，在暗处放 5min，然后用水稀释至 200mL，用 $Na_2S_2O_3$ 标准液滴定。当溶液由棕红色变为浅黄色时，加 5mL 淀粉，继续滴至溶液由蓝色变成亮绿色为止。计算 $Na_2S_2O_3$ 的浓度。

2. 操作步骤

称 5g 过 100 目筛风干土置于 50mL 三角瓶中，加入 10mL 蒸馏水、6mL 0.1%抗坏血酸和 10mL 邻苯二酚液。将混合物充分摇荡，在 30℃水浴中培养 2min（用秒表准确计时），而后，加入 3mL 10%磷酸（对 pH 为 8 以上的土壤，磷酸用量可增加 6mL，以保证反应所需的酸度）钝化酶。稍振荡后过滤混合物，待滤液充分滤干后，将全部滤液加 1mL 淀粉液作指示剂，用 0.005mol/L I_2 液滴定至蓝色终点。记下消耗碘液的毫克数。对照样品是加入 10mL 水后，首先立即加 3mL 10%磷酸，以终止酶的反应，然后再按实验样品同步骤进行，但不再加磷酸。

3. 结果计算

多酚氧化酶活性，以用于滴定相当于 1g 土壤的滤液的 0.005mol/L I_2 的毫升数表示：

$$多酚氧化酶活性（mL）=（a-b）\times V/W$$

式中，a 为用于实验滴定的 0.005mol/L I_2 液的毫升数（mL）；b 为用于对照滴定的 0.005mol/L I_2 液的毫升数（mL）；V 为反应混合物的总体积（mL）；W 为风干土重（g）。

实验处理包括空气氧化作用和酶促作用生成的醌所消耗的碘，而对照仅为空气氧化作用生成的醌所消耗的碘，两者之差即为酶促作用生成的醌所消耗的相应的碘量，用以表示多酚氧化酶活性。

5.7 土壤蛋白酶的活性的测定

蛋白酶参与土壤中存在的氨基酸、蛋白质以及其他蛋白质氮的有机化合物的转化。它们的水解产物是高等植物的氮源之一。土壤蛋白酶在剖面中的分布与蔗糖酶相似，酶活性随剖面深度增加而减弱，并与土壤有机质含量、氮素及其他土壤性质有关。

蛋白酶酶促蛋白质产物——氨基酸与某些物质（如铜盐蓝色络合物或茚三酮等）生成带颜色的络合物，依溶液颜色深浅程度与氨基酸含量的关系，求出氨基酸量，以表示蛋白酶活性。比色法要求获得透明的滤液，故悬液离心（6000r/min）效果较好，否则影响测定效果。

1. 仪器设备与试剂

1）仪器设备

离心机、玻璃器皿、水浴锅、分光光度计。

2）试剂

（1）1%酪素溶液：用 pH=7.4 的 0.2mol/L 磷酸盐缓冲液配制。

（2）0.05mol/L 硫酸。

（3）20%硫酸钠。

（4）2%茚三酮液：2g 茚三酮溶于 100mL 丙酮。

（5）甲苯。

（6）甘氨酸标准溶液：取 0.1g 甘氨酸溶于水中，定容到 1L，则得 1mL 含 0.02mg 氨基酸的标准溶液，再稀释 10 倍制成工作液。

2. 操作步骤

称 5g 风干土，置于 50mL 三角瓶中，加 20mL 1%酪素溶液和 1mL 甲苯，小心振荡后用木塞盖紧，在 30℃恒温箱中放置 24h。培养结束后，在混合物中加入 2mL 0.05mol/L 硫酸和 12mL 20%硫酸钠溶液，以沉淀蛋白质，然后 6000r/min 离心 15min。取上清液 2mL，置于 50mL 容量瓶中，按绘制标准曲线显色方法进行比色测定。

每个土样均要做无基质对照，以除掉土壤原来含有的氨基酸而引起的误差。整个实验要做无土壤对照。

标准曲线的绘制：分别吸取工作液 1mL、3mL、5mL、7mL、9mL、11mL 移到 50mL 容量瓶中，加 1mL 茚三酮，冲洗瓶颈后再沸水浴加热 10min，将获得的着色溶液用蒸馏水稀释至刻度。在分光光度计上于 500nm 处比色测定颜色深度。以光密度为纵坐标，以氨基酸浓度为横坐标，绘制曲线。

3. 结果计算

蛋白酶活性，以 24h 后 1g 土壤中氨基酸的毫克数表示：

$$蛋白酶活性（mg）=a\times 5$$

式中，a 为从标准曲线查得的氨基酸毫克数（mg）；5 为换算成 1g 土的系数。

5.8　土壤呼吸强度的测定

土壤新陈代谢过程中产生大量的二氧化碳，并向大气释放二氧化碳的过程称为土壤呼吸。它包括微生物呼吸、根呼吸和动物呼吸三个生物过程，以及一个非生物过程，即在高温条件下的化学氧化过程。土壤呼吸是表征土壤质量和肥力的重要生物学指标，它反映了土壤生物活性和土壤物质代谢的强度。在生态演替过程中，植被的变化通过吸收养分和归还有机物等，以影响土壤的物理、化学和生物学性状，土壤呼吸也随之变化，指示着生态系统演替的过程与方向。

5.8.1　土壤呼吸的实验室测定

用 NaOH 吸收土壤呼吸放出的 CO_2，生成 Na_2CO_3：

$$2NaOH+CO_2 \longrightarrow Na_2CO_3+H_2O \quad (1)$$

先以酚酞作指示剂，用 HCl 滴定，中和剩余的 NaOH，并使（1）式生成的 Na_2CO_3 转变为 $NaHCO_3$：

$$NaOH+HCl \longrightarrow NaCl+H_2O \quad (2)$$

$$Na_2CO_3+HCl \longrightarrow NaHCO_3+NaCl \quad (3)$$

再以甲基橙作指示剂，用 HCl 滴定，这时所有的 $NaHCO_3$ 均变为 NaCl：

$$NaHCO_3+HCl \longrightarrow NaCl+H_2O+CO_2 \quad (4)$$

从上式可见，用甲基橙作指示剂时所消耗 HCl 量的 2 倍，即为中和 Na_2CO_3 的用量，从而可计算出吸收 CO_2 的量。

1. 仪器设备与试剂

1）仪器设备

干燥器、玻璃器皿等。

2）试剂

（1）2mol/L 氢氧化钠：称取 80g 氢氧化钠，配制成氢氧化钠溶液 1L，即得 2mol/L 的氢氧化钠溶液。

（2）0.05mol/L 盐酸。

（3）甲基橙。

（4）酚酞。

2. 操作步骤

称取相当于 20g 干土重的新鲜土样，置于 150mL 烧杯或铝盒中（也可用容重圈采集原状土）；准确吸取 2mol/L NaOH 10mL 于另一 150mL 烧杯中；将两只烧杯同时放入无干燥剂的干燥器中，加盖密闭，放置 1～2d；取出盛 NaOH 的烧杯，洗入 250mL 容量瓶中，稀释至刻度；吸取稀释液 25mL，加酚酞 1 滴，用标准 0.05mol/L HCl 滴定至无色，再加甲基橙 1 滴，继续用 0.05mol/L HCl 滴定至溶液由橙黄色变为橘红色，记录后者所用 HCl 的毫升数（或用溴酚蓝代替甲基橙，滴定颜色由蓝变黄）；再在另一干燥器中只放 NaOH，不放土壤，用同法测定，作为空白。

3. 结果计算

250mL 溶液中 CO_2 的重量 W_1（g）：

$$W_1=(V_1-V_2)\times C\times\frac{44}{2\times1000}\times\frac{250}{25}$$

式中，V_1 为供试溶液用甲基橙作指示剂时所用 HCl 毫升数的 2 倍；V_2 为空白实验溶液用甲基橙作指示剂时所用 HCl 毫升数的 2 倍；C 为 HCl 的摩尔浓度（mol/L）；44/（2×1000）为 CO_2 的毫摩尔质量；250/25 为分取倍数。

再换算为土壤呼吸强度[CO_2 mg/（g·h）]：

$$CO_2\ mg/(g\cdot h)=W_1\times1000\times(1/20)\times(1/24)$$

式中，20 为实验所用土壤的克数（g）；24 为实验所经历的时间（24h）。

5.8.2　土壤呼吸的野外现场测定

1. 操作步骤

（1）准确称取 2mol/L NaOH 溶液 10～20mL 于带胶塞的三角瓶中，携至实验地点；

（2）选好实验场地，然后放一培养皿，用树枝垫在底部，以保证土壤通气。将 NaOH 倒在培养皿内；

（3）用一玻璃缸将培养皿罩住，四周用土封严，如图 5-1 所示。

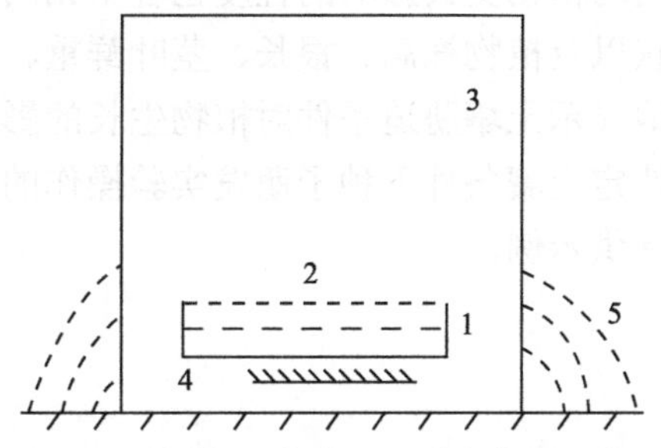

图 5-1　玻璃缸、培养皿、覆土位置示意图

1-培养皿；2-NaOH；3-玻璃缸；4-树枝；5-覆土

（4）另在地面先放一个木板或铺一块塑料布，同法做一空白；

（5）放置 1～5d 后，将 NaOH 溶液洗入三角瓶，携至室内，再洗入 250L 容量瓶中，定容；

（6）滴定，同 5.8.1 节。

2. 结果计算

先计算 250mL 溶液中 CO_2 的重量 W_1（g）（同 5.8.1 节），再计算土壤呼吸强度[CO_2 mg/（m^2·h）]。

$$CO_2\ mg/\left(m^2\cdot h\right)=W_1\times1000\times\frac{1}{m}\times\frac{1}{24}$$

式中，m 为玻璃缸面积（m^2）；24 为实验经历时间 24h。

第6章 植物对土壤污染的耐性与可塑性研究

植物体是一个开放体系，生存于自然环境，植物的生长与生理生态指标密切相关，不同植物生长的环境也有差别。在复杂多变的环境中，为了适应环境有规律或无规律的变化（包括抗逆境的变化），植物利用自身具有的多种生理生态指标系统调节并适应其生长环境。信息传递（message transportation）和信号传导（signal transduction）是植物适应环境变化的重要环节，植物体通过环境变化的感知，将信息传递至相应器官或组织上，进而调节植物体内生理生化指标，提高对环境（特别是不良环境）的生理适应和抵御机制。因此测定植物体的生理生态指标对于观察植物的生长生理、光合生理和逆境生理等具有重要的意义。

6.1 植物的耐性指标分析

6.1.1 对植物种子萌发的影响

环境胁迫对植物生长发育的各个阶段，如种子萌发、幼苗生长、成株生长等都有着不同程度的影响。不同种类的植物受其影响的程度也各不相同。测定特定土壤条件下植株种子萌发、植株外伤症状以及植物株高、根长、茎叶鲜重、根鲜重、茎叶干重和根干重等生长指标，可以直观地显示土壤胁迫条件对植物生长的影响情况。本节以多年生黑麦草为研究对象，通过在特定土壤条件下种子萌发实验操作的描述，为研究特定胁迫条件下的植物种子萌发研究提供示例。

1. 仪器、设备及材料

1）仪器与设备

培养皿、滤纸、电热恒温箱、电子天平、大烧杯、容量瓶、移液管、毫米刻度尺、玻璃棒、镊子等。

2）材料

（1）种子的准备：健康、粒大、饱满的多年生黑麦草种子。

（2）土壤浸提液的制备：将采集的土壤样品风干研磨粉碎，过 2mm 筛后充分混匀备用。按质量∶体积=1∶1.5 取处理好的土样浸于蒸馏水中，浸泡 24h 后振荡 12h，静置 12h，经双层滤纸过滤后，制备成 1∶1.5 的土壤水浸液原液，低温保存备用。

2. 方法与步骤

1）预处理

（1）种子的预处理：在 0.3%高锰酸钾溶液中浸泡 10min，用自来水冲洗 3～5 次，再用无菌水（或蒸馏水）冲洗 3～5 次，滤纸吸干表层水后备用。

（2）器皿准备：取培养皿数只，分别按处理类型贴好标签。在每个培养皿中放置 2 层滤纸，并用少量处理液（土壤浸提液）浸润。

2）种子的培养

挑选籽粒大小相当的种子播于铺有两层滤纸的培养皿（发芽床）内，每个处理按同心圆形式，放置 50 粒种子，再分别加入制备的适量的土壤浸提液，并用蒸馏水代替土壤浸提液作为对照（CK）。实验设置 3 个重复。然后将培养皿置于恒温箱中，在 25℃无光条件下培养 14d。培养期间，每天用对应的土壤浸提液处理一次以保持一定湿度。加浸提液时最好用滴管滴入或用小喷雾器喷入，防止加水过猛，冲乱种子。如果在发芽床内有 5%以上的种子发霉，则应进行消毒或更换新床。

3）实验记录

在种子处理后第 3 天开始，逐日观察记录正常萌发种子数、不萌发种子数及腐烂种子数。每次观察后将正常发芽种子和腐烂种子取出弃掉。观察时间为发芽后 1～2 周，将观察结果填入表 6-1。

表 6-1　小麦种子发芽情况记录

处理	平行样	时间/d											
		3	4	5	6	7	8	9	10	11	12	13	14
CK	1												
	2												
	3												
处理 1	1												
	2												
	3												
处理 2	1												
	2												
	3												
…	1												
	2												
	3												

4）结果计算

（1）发芽率、发芽势和发芽指数的计算。

种子发芽实验结束后，要根据检查和记录结果计算种子的发芽率和发芽势。发芽率是决定种子品质和种子实际用价的依据，发芽势是判别种子质量优劣、出苗整齐与否的重要标志，也与幼苗强弱和产量有密切的关系。发芽势高的种子，出苗迅速，整齐健壮。

发芽率：

$$Gr=\sum Gt/T\times 100\%$$

式中，Gr 为发芽率；Gt 为在时间 t 时的发芽数（个）；T 为供试种子总数（个）。

$$发芽势=3d发芽种子数/供实验种子数×100\%$$

发芽指数：

$$Gi=\sum(Gt/Dt)$$

式中，Gi为发芽指数；Gt为在时间 *t* 时的发芽数（个）；Dt为相应的发芽天数（d）。

根据表6-1的数据，分别计算发芽率、发芽势和发芽指数，将计算结果填入表6-2。

表6-2　种子萌发中的发芽率、发芽势和发芽指数计算结果

指标	CK	处理1	处理2	…
发芽率/%				
发芽势/（个/d）				
发芽指数				

（2）生长指标的测定。

种子萌发过程中的生长指标主要包括芽长、总长、芽重和总重等。发芽3d后，用镊子轻轻将其取出，用滤纸吸干后，再用刻度尺分别测量芽长和总长；之后，测其全重和芽重。以上各量均取平均值，将记录记入表6-3。

表6-3　种子萌发中的生长指标测定结果

指标	CK	处理1	处理2	…
发芽个数				
芽长/cm				
总长/cm				
芽重/mg				
总重/mg				

6.1.2　植物生长指标的测定

1. 仪器、设备及材料

1）仪器与设备

电热恒温箱、电子天平、根系扫描仪、培养皿、烧杯、容量瓶、移液管、毫米刻度尺、玻璃棒、镊子、滤纸。

2）材料

对照与逆境胁迫下生长的植株。

2. 方法与步骤

1）植物外伤症状

采用目测估计的方法，将植株的外伤症状分为四个等级：正常生长（无伤害），目测不到伤害症状；轻度伤害，仅中心部位失绿；中度伤害，叶片中心部位及外围出现不同程度失绿；重度伤害，植株矮小，叶片失绿。将记录计入表 6-4。

表 6-4　不同胁迫下植物的外伤症状

指标	CK	处理 1	处理 2	…
外伤症状				

2）生长指标的测定

取出待测植物整株，用自来水冲洗，洗净附着在根系表面的土壤，再用蒸馏水清洗 1～2 遍，吸水纸吸干后，用刻度尺分别测量株高，再用电子天平分别称其地上部分和根鲜重。

采用根系扫描仪，进行扫描拍照，并用 WinRHIZOPro Vision5.0 分析软件分析获得的根系长度、根系面积、根系体积、根系直径等根系指标。

将植物样品的根和茎叶分开，105℃杀青半小时，75℃过夜，烘干至恒重，测定其干重。以上各量均取平均值，将记录记入表 6-5。

表 6-5　植株生长指标的测定

指标	CK	处理 1	处理 2	…
株高/cm				
地上部分鲜重/mg				
地上部分干重/mg				
叶面积/cm^2				
根长/cm				
根鲜重/mg				
根干重/mg				
根系面积/cm^2				
根系体积/cm^3				
根冠比				
根生长效应指数				
耐性指数				

注：根冠比=根系干重/地上部分干重；根生长效应指数=平均根长×根系数量；耐性指数=某实验组的根长/对照组根长。

6.1.3　植物常见生理生化指标的测定

Ⅰ　组织细胞膜透性的测定

逆境胁迫情况下，植物细胞原生质的膜结构会受到不同程度的损伤，膜的透性增加，细胞内部电解质外渗。膜结构的破坏程度和逆境胁迫程度呈正相关。本实验以重金属胁迫下的植物幼苗为例，采用电导法测定电解质的相对外渗率，以了解重金属胁迫（逆境胁迫）对植物幼苗的伤害情况。电解质的相对外渗率用相对电导率表示。

1. 仪器、设备及材料

仪器设备：DDS-12 型电导仪、100mL 锥形瓶、振荡器。
材料：对照与逆境胁迫下生长的植株。

2. 方法与步骤

（1）分别摘取对照和逆境胁迫的植物叶片数片，将同一处理的叶片放在一起，洗净擦干。
（2）各称取植物叶片 0.5g，剪成 1cm 长小段，加入装有 20mL 双蒸水的锥形瓶中，在电动振荡器上振荡（速度为 40～60 次/min）30min。以双蒸水为对照。
（3）用 DDS-12 型电导仪测定各锥形瓶中液体的电导率（μS/cm）。

Ⅱ 植物组织丙二醛含量的测定

植物在逆境或衰老条件下，会发生膜脂的过氧化作用。丙二醛（MDA）是膜脂过氧化产物之一，其含量高低可以表示膜脂过氧化强度和膜系统的伤害程度。

植物组织受逆境胁迫或衰老总是伴随着细胞内膜结构的破坏，表现为细胞内的电解质大量渗漏出来。有很多研究表明，细胞在逆境过程中膜的破坏是由细胞（特别是线粒体或叶绿体）中产生的超氧物自由基（O_2·，OH·）诱导膜质中的不饱和脂肪酸发生膜脂过氧化作用而造成的。膜脂过氧化作用中产生膜脂自由基，它不仅能连续诱发膜脂的过氧化作用，而且又可使蛋白质脱 H^+而产生蛋白质自由基，使蛋白质分子发生链式聚合，从而使细胞变性，最终导致细胞损伤或死亡。

丙二醛（MDA）是膜脂过氧化产物之一，可与硫代巴比妥酸反应，形成红棕色的产物，该产物在 532nm 处有一吸收高峰。根据其在 532nm 处的吸光系数可计算出细胞内丙二醛的含量。丙二醛含量的多少可代表膜损伤程度的大小。醛、单糖对此反应有干扰，溶液的 pH 和温度对反应也有影响。

1. 仪器、设备及材料

仪器设备：研钵、剪刀、水浴锅、721 型分光光度计、试管。
材料：对照与逆境胁迫下的植株。
试剂：0.5%硫代巴比妥酸（溶于 20%三氯醋酸中）溶液。

2. 方法与步骤

（1）分别摘取对照和逆境胁迫的植物叶片数片，将同一处理的叶片放在一起，洗净擦干，剪成 0.5cm 长的小段。
（2）称取各处理的叶片切段各 0.3g，分别放入研钵中，加少许石英砂和 2mL 蒸馏水，研磨成匀浆。将匀浆转移到试管中，再用 3mL 蒸馏水分两次冲洗研钵，合并提取液。每一处理的材料各作 3 个重复实验样品。

（3）在提取液中加入 5mL 0.5%硫代巴比妥酸溶液，摇匀。

（4）将试管放入沸水浴中煮沸 10min（自试管内溶液中出现小气泡开始计时），到时间后，立即将试管取出并放入冷水浴中。

（5）待试管内溶液冷却后，3000r/min 离心 15min，取上清液并量其体积。以 0.5%硫代巴比妥酸溶液为空白测 532nm 和 600nm 处的吸光度。

3. 结果计算

根据下式计算叶片中过氧化脂质的含量：

$$过氧化脂质含量（mmol/g FW）=\Delta A \cdot N/（155 \cdot d \cdot W）$$

式中，ΔA 为 A532 和 A600 的差；N 为上清液总体积；155 为 1mmol 三甲川（3,5,5-三甲基噁唑-2,4-二酮，也称为三甲双酮、三甲唑烷双酮等）在 532nm 的吸光系数；d 为比色杯光程；W 为称取植物材料的鲜重（g）；FW 表示鲜重。

Ⅲ 植物叶片叶绿素含量的测定

叶绿素 a、b 的丙酮溶液在可见光波长范围内的最大吸收峰分别位于 663nm 和 645nm 处，同时在该波长时叶绿素 a、b 的比吸收系数是已知的，根据朗伯-比尔定律可得出叶绿素 a、b 的浓度（μg/mL）与它们在 645nm 和 663nm 处的吸光度（A）之间的关系式如下：

$$C_a=12.7A_{663}-2.69A_{645} \quad (1)$$

$$C_b=22.9A_{645}-4.68A_{663} \quad (2)$$

$$C_{a+b}=20.2A_{645}+8.02A_{663} \quad (3)$$

$$C_{a+b}=A_{652}\times1000/34.5 \quad (4)$$

式中，C_a、C_b、C_{a+b} 分别为叶绿素 a、叶绿素 b、叶绿素 a＋b 的浓度。丙酮提取液中类胡萝卜素的浓度可按下式计算：

$$C_k=4.7A_{440}-0.27C_{a+b} \quad (5)$$

1. 仪器、设备及材料

仪器设备：剪刀、电子天平、研钵、移液管、721 型分光光度计。

材料：对照和逆境胁迫下的植株。

试剂：80%丙酮；$CaCO_3$（固体）。

2. 方法与步骤

1）提取叶绿素

选取对照和逆境胁迫的植物叶片，洗净擦干，去叶柄及中脉剪碎混匀后，称取 0.5g 叶片置于研钵中，加 2mL 80%丙酮和少许 $CaCO_3$，研磨成匀浆，再加入 5mL 80%丙酮，继续研磨至组织发白。

转移到 25mL 棕色容量瓶中，用少量 80%丙酮冲洗研钵、研棒及残渣数次，连同残渣一起倒入容量瓶中。最后用 80%丙酮定容至 25mL，摇匀，离心或过滤。

2）测定吸光度

将上述色素提取液倒入光径 1cm 的比色杯中。以 80%丙酮为空白，在波长 663nm、645nm、652nm 和 440nm 下测定光密度。

3. 结果计算

将测得的光密度值代入公式，分别计算叶绿素 a、b、a+b 和类胡萝卜素的浓度(mg/L)，并按下式计算组织中单位鲜重或干重的各色素的含量：

$$色素在叶片中的含量（\%）=\frac{色素浓度（mg/L）\times 提取液总体积（mL）\times 稀释倍数}{样品质量（mg）\times 1000}\times 100$$

式中，若提取液未经稀释，则稀释倍数取 1。

4. 注意事项

（1）为了避免叶绿素光分解，操作时应在弱光下进行，研磨时间应尽量短些。

（2）叶绿素色素提取液不能混浊。

Ⅳ 植物叶片蛋白质含量的测定（考马斯亮蓝 G-250 法）

考马斯亮蓝 G-250（Coomassie brilliant blue G-250）在游离状态下呈红色，与蛋白质结合呈现蓝色。在一定范围内（1～1000μg），染料与蛋白质复合物在 595nm 波长下的吸光度与蛋白质含量成正比。考马斯亮蓝 G-250 与蛋白质的结合在 2min 达到平衡，复合物的颜色在 1h 内稳定。考马斯亮蓝法测定蛋白质含量，操作简便快捷，灵敏度比 Folin-酚法还高 4 倍，重现性好，是一种常用的定量测定蛋白质的方法。但大量的去污剂（如 Triton X-100、SDS 等）会干扰该测定。

1. 仪器、设备及材料

仪器设备：电子天平、分光光度计、离心机、具塞试管、刻度试管。

材料：对照和逆境胁迫下的植株。

试剂：①考马斯亮蓝 G-250：称取 100mg 考马斯亮蓝 G-250，溶解于 50mL 95%乙醇中，加入 100mL 85%的磷酸，用水定容至 1000mL，过滤。此试剂常温下可保存 30d。②标准蛋白质溶液：精确称取结晶牛血清白蛋白 100mg，加水溶解并定容至 100mL，即为 1000μg/mg 的标准蛋白质溶液。③磷酸缓冲液，pH=7。

2. 方法与步骤

1）标准曲线的制作

取 6 支具塞试管，按表 6-6 加入试剂，配制 0～1000μg/mL 的牛血清白蛋白溶液各 1mL。

表 6-6　牛血清白蛋白溶液的配制

试剂	管号					
	1	2	3	4	5	6
蛋白质标准液/mL	0	0.2	0.4	0.6	0.8	1.0
蒸馏水/mL	1.0	0.8	0.6	0.4	0.2	0
蛋白质含量/μg	0	200	400	600	800	1000

准确吸取所配各管溶液 0.1mL，分别放入 10mL 具塞试管中，再加入 5mL 考马斯亮蓝 G-250，盖上塞子，摇匀。放置 5min 后在 595nm 波长下比色测定，1h 完成比色。以牛血清白蛋白含量为横坐标，以吸光度为纵坐标绘制标准曲线。

2）样品中蛋白质含量的测定

准确称取植物叶片 200mg，放入研钵，加 5mL 磷酸缓冲液（pH=7.0），在冰浴中研成匀浆。4000r/min 离心 10min，合并上清液，定容至刻度。

另取一支具塞试管，准确加入 0.1mL 样品提取液，加入蒸馏水 0.9mL 和 5mL 考马斯亮蓝 G-250 试剂，其余操作与标准曲线制作相同。

3. 结果计算

根据所测样品提取液的吸光度，在标准曲线上查得相应的蛋白质含量（μg），按下式计算：

$$\text{样品中蛋白质含量（mg/g）}=\frac{\text{查得的蛋白质含量（μg）}\times\text{提取液总体积（mL）}}{\text{样品质量（g）}\times\text{测定时所用提取液体积（mL）}}$$

V　植物体内游离脯氨酸含量的测定

脯氨酸是水溶性最大的氨基酸，具有很强的水合能力，其水溶液具有很高的水势。脯氨酸的疏水端可和蛋白质结合，亲水端可与水分子结合，蛋白质可借助脯氨酸束缚更多的水，从而防止渗透胁迫条件下蛋白质的脱水变性。因此，脯氨酸在植物的渗透调节中起重要作用，而且即使在含水量很低的细胞内，脯氨酸溶液仍能提供足够的自由水，以维持正常的生命活动。正常情况下，植物体内脯氨酸含量并不高，但遭受水分、盐分等胁迫时体内的脯氨酸含量往往增加，它在一定程度上反映植物受环境水分和盐度胁迫的情况，以及植物对水分和盐分胁迫的忍耐及抵抗能力。

植物体内脯氨酸的含量可用酸性茚三酮法测定。在酸性条件下，脯氨酸和茚三酮反应生成稳定的有色产物，该产物在 520nm 有最大吸收峰，其色度与含量正相关，可用分光光度法测定。该反应具有较强的专一性，酸性和中性氨基酸不能与酸性茚三酮试剂形成有色产物，碱性氨基酸对这一反应有干扰，但加入人造沸石（permutit），在 pH=1～7 范围内振荡溶液可除去这些干扰的氨基酸（如甘氨酸、谷氨酸、天冬氨酸、苯丙氨酸、精氨酸等 2-氨基的氨基酸）。

1. 仪器、设备及材料

1）仪器和设备

电子天平、分光光度计、水浴锅、烘箱、具塞试管、烧杯、研钵、漏斗等。

2）材料和试剂

（1）3%磺基水杨酸。

（2）冰醋酸。

（3）甲苯。

（4）酸性茚三酮试剂：称取 2.5g 茚三酮，加入 60mL 冰醋酸和 40mL 6mol/L 磷酸，于 70℃加热溶解，冷却后储于棕色试剂瓶中，4℃下保存。

（5）脯氨酸标准母液：称取 5mg 脯氨酸溶于少量 80%乙醇中，再用蒸馏水定容至 50mL，制成 100μg/L 母液。

（6）人造沸石、活性炭、石英砂等。

2. 方法与步骤

1）标准曲线的制作

吸取脯氨酸标准母液 0mL、0.5mL、1.25mL、2.5mL、5.0mL、7.5mL、10.0mL 分别加入 50mL 容量瓶中，分别加入蒸馏水定容至 50mL，配成 0.0μg/mL、1.0μg/mL、2.5μg/mL、5.0μg/mL、10.0μg/mL、15.0μg/mL、20.0μg/mL 的系列浓度。分别取标准溶液各 2mL，均加入 2mL 冰醋酸、2mL 3%磺基水杨酸、2mL 冰醋酸和 4mL 酸性茚三酮试剂，沸水浴中加热显色 60min，冷却后加入 4mL 甲苯萃取红色物质。静置后取甲苯相，测定在 520nm 处的光密度值，将测定结果以脯氨酸浓度为横坐标，以光密度值为纵坐标制作标准曲线。

2）样品中脯氨酸的提取与测定

（1）提取脯氨酸。分别称取新鲜植物叶片 0.1～0.5g（根据植物材料中的脯氨酸含量高低，确定样品用量），剪碎，加入适量 3%磺基水杨酸、少量石英砂，于研钵中研磨成匀浆。匀浆液全部转移至 10mL 刻度试管中，用 3%磺基水杨酸洗涤研钵，将洗液移入相应的刻度试管中，最后用 3%磺基水杨酸定容至刻度，混匀。将匀浆液转入玻璃离心管中，在沸水浴中提取 10min。冷却后，以 3000r/min 离心 10min，取上清液待测。

（2）脯氨酸含量的测定。吸取上述提取液 2mL 于刻度试管中，加入 2mL 冰醋酸、2mL 3%磺基水杨酸、2mL 冰醋酸和 4mL 酸性茚三酮试剂，沸水浴中加热显色 60min，冷却后加入 4mL 甲苯萃取红色物质。静置后取甲苯相，测定在 520nm 处的光密度值，从标准曲线上查出每毫升被测样品中脯氨酸的含量。

3. 结果计算

样品中脯氨酸含量用 μg/g FW 或 μg/g DW 表示，FW 指鲜重（fresh weight），DW 指干重（dry weight）。

4. 注意事项

（1）配置的酸性茚三酮试剂仅在 24h 内稳定，最好现配现用。同时茚三酮试剂的用量也与样品中脯氨酸的含量相关，样品脯氨酸含量在 10μg/mL 以下时，显色液中茚三酮的浓度需要达到 10mg/mL 才能保证脯氨酸充分显色。

（2）由于样品中其他氨基酸会对监测产生干扰，测定时，向提取液中加入 1 勺人造沸石和少许活性炭，强烈振荡 5min，过滤，以除去干扰的氨基酸。

（3）本方法也适用于干样品中的脯氨酸含量测定。

Ⅵ 植物组织可溶性糖含量的测定

糖为自然界分布最广、含量最多的有机化合物，它是许多粮食作物和糖用植物的重要组成部分。蒽酮比色法是测定可溶性糖含量的方法之一。糖在硫酸作用下生成糠醛，糠醛再与蒽酮作用形成绿色络合物，颜色的深浅与糖含量有关，在 652nm 波长下的吸光度与糖含量成正比。

1. 仪器、设备及材料

1）仪器和设备

电子天平、分光光度计、恒温水浴锅、烘箱、离心机、刻度试管。

2）材料和试剂

（1）80%乙醇。

（2）葡萄糖标准液：称取已在 80℃烘箱中烘至恒重的葡萄糖 100mg，配制成 500mL 溶液，即得每毫升含糖为 200μg 的标准液。

（3）蒽酮试剂：100mg 蒽酮溶于 100mL 稀硫酸（76mL 浓硫酸加水至 100mL）。

（4）活性炭。

2. 方法与步骤

1）标准曲线绘制

取标准糖溶液将其稀释成一系列 0～100μg/mL 的不同浓度的溶液 1mL，加入 5mL 蒽酮试剂混合，沸水浴 10min，取出冷却。在 652nm 处测定吸光度，然后绘制标准曲线。

2）样品中可溶性糖的提取及测定

（1）可溶性糖的提取：植物叶片在 110℃烘箱中烘 15min，然后调至 70℃过夜。磨碎干叶片后称取 0.05～0.5g 样品，倒入 10mL 刻度离心管内，加入 4mL 80%乙醇，置于 80℃水浴中 30min，期间不断震摇，离心，收集上清液，其残渣加 80%乙醇重复提 2 次，合并上清液。在上清液中加入少许活性炭，80℃脱色 30min，用水定容至 10mL，过滤后取滤液测定。

（2）显色及比色：吸取上述滤液 1mL，加入 5mL 蒽酮试剂混合，沸水浴 10min，取出冷却。在 652nm 处测定吸光度。

从标准曲线上得到提取液中糖的含量。

3. 注意事项

（1）定容时加入水定容。

（2）由于蒽酮试剂与糖反应的显色强度随时间变化，故必须在反应后立即在同一时间比色。

Ⅶ 超氧阴离子自由基含量的测定

细胞内参与酶促或非酶促反应的氧分子，当它只接受一个电子时就会转变为超氧阴离子自由基（O_2^- ·）。O_2^- ·一方面会与体内的蛋白质和核酸等活性物质直接作用，又能转化为 H_2O_2、羟自由基（·OH）、单线态氧（·O_2）等。·OH 会引起膜脂的过氧化反应，产生一系列自由基和活性氧。正常情况下，植物体内产生的自由基和活性氧可通过内源的抗氧化保护系统转变为活性较低的物质，从而维持产生和清除的动态平衡，植物得以正常生长、发育。而逆境条件下，产生和清除的代谢系统失调，造成活性氧和自由基在体内过量积累，对植物造成伤害。

O_2^- ·与羟胺反应生成 NO_2^-，NO_2^- 在对氨基苯磺酸和 *a*-萘胺的作用下，生成粉红色的偶氮化合物，该有色化合物在 530nm 处有显著吸收。显色反应的第一步是对氨基苯磺酸与 NO_2^- 起重氮化反应：

$$SO_3H\text{-}C_6H_4\text{-}NH_2+NaNO_2+2HCl \longrightarrow SO_3H\text{-}C_6H_4\text{-}N_2\text{-}Cl+2H_2O+NaCl$$

第二步是重氮化的氨基苯磺酸与萘胺生成偶氮染料：

$$SO_3H\text{-}C_6H_4\text{-}N_2\text{-}Cl+C_{10}H_7NH_2 \longrightarrow SO_3H\text{-}C_6H_4\text{-}N_2C_{10}H_6NH_2+HCl$$

根据 NO_2^- 标准曲线，将 OD_{530} 换算成（NO_2^-），再依据反应式 $NH_2OH+2O_2^- \cdot +H^+ + H_2O_2 \longrightarrow NO_2^- +H_2O_2+H_2O$ 直接进行 O_2^- ·的化学计量，即将[NO_2^-]乘以 2 则得[O_2^- ·]。

1. 仪器、设备及材料

1）仪器和设备

低温离心机、恒温水浴锅、分光光度计、研钵、漏斗、纱布、试管、移液管等。

2）材料和试剂

（1）$NaNO_2$。

（2）65mmol/L 磷酸缓冲液，pH=7.8。

（3）10mmol/L 羟胺氯化物：称取 0.0694g 羟胺氯化物，用蒸馏水溶解并定容至 100mL。

（4）17mmol/L 对氨基苯磺酸：称取 0.5888g 氨基苯磺酸，用蒸馏水溶解并定容至 200mL。

（5）7mmol/L *a*-萘胺：称取 0.2005g *a*-萘胺，用蒸馏水溶解（可加热促进溶解）并定容至 200mL。

2. 方法与步骤

1） NO_2^- 标准曲线的制作

配制浓度分别为 0μmol/L、5μmol/L、10μmol/L、15μmol/L、20μmol/L、30μmol/L、40μmol/L 的 $NaNO_2$ 标准溶液。分别吸取上述标准溶液 0.5mL，并分别加入 0.5mL 氨基苯磺酸和 0.5mL *a*-萘胺，于 25℃恒温水浴中保温反应 20min，加入 1.5mL 的正丁醇摇匀后，取正丁醇相，测定 530nm 处的 OD 值。将测定结果以 NO_2^- 浓度为横坐标、光密度值为纵坐标制作标准曲线。

2） O_2^- ·的提取

称取对照和逆境胁迫的植物叶片 5g，加入 6mL 65mmol/L pH=7.8 的 PBS 缓冲液研磨，过滤，5000r/min 离心 10min，取上清液。

3） O_2^- ·含有量的测定

(1)取上述上清液 1mL(蛋白含量约 0.5mg)，加入 6mL 65mmol/L PBS 缓冲液 0.9mL，羟胺氯化物 0.1mL（以 PBS 代替样品上清液做空白）。混合后，于 25℃恒温水浴中培养 20min。

(2) 取上述培养液 0.5mL，分别加入对氨基苯磺酸 0.5mL、*a*-萘胺 0.5mL，于 25℃恒温水浴中保温反应 20min，加入 1.5mL 的正丁醇，摇匀后，取正丁醇相测定 530nm 处的 OD 值。

(3) 用考马斯亮蓝 G-250 法测定步骤（2）上清液的蛋白质含量。

3. 结果计算

根据测得的 OD_{530}，查 NO_2^- 标准曲线，将 OD_{530} 换算成[NO_2^-]×2 则得[O_2^- ·]，再根据样品与羟胺反应的时间（20min）以及样品中的蛋白质含量可求得 O_2^- ·的产生速率[单位：μmol/（min·mg 蛋白质）]。

6.1.4　植物几种抗氧化物酶活性的测定

植物体内的活性氧主要包括 O_2^- ·、H_2O_2、·OH、· O_2 等。而植物为保护自身免受活性氧的伤害，形成了内源保护系统，包括抗氧化酶类和非酶抗氧化剂。抗氧化酶主要是超氧化物歧化酶（SOD）、过氧化氢酶（CAT）、抗坏血酸过氧化物酶（AsA-POD）、谷胱甘肽还原酶（GR）等；抗氧化剂则包括还原型谷胱甘肽（GSH）、抗坏血酸（AsA）、类胡萝卜素、2-生育酚（维生素 E）、类黄酮、生物碱、半胱氨酸、氢醌及甘露醇等。在正常条件下，植物体活性氧的产生与清除处于动态平衡，不会积累过多的活性氧，从而保证植物正常生长、发育。但当植物遭受重金属胁迫、干旱、低温、高温、盐渍、高光强、O_3 和 SO_2 等逆境，以及植物衰老时（目前有人认为衰老也是一种逆境），体内活性氧过量积累，从而对植物造成伤害。测定抗氧化酶活性、抗氧化剂含量在逆境条件下的变化情况，对于研究植物的逆境伤害和植物抗逆机制具有重要意义。

Ⅰ 超氧化物歧化酶（SOD）活性的测定

SOD 是含金属辅基的酶，它能催化以下反应：

$$O_2^- \cdot + O_2^- \cdot +2H^+ \longrightarrow H_2O_2 + O_2$$

由于超氧阴离子自由基（$O_2^- \cdot$）寿命短，不稳定，不易直接测定 SOD 活性，而常采用间接的方法。目前常用的方法有 3 种，包括 NBT 光化还原法、邻苯三酚自氧化法、邻苯三酚自氧化法-化学发光法。本实验主要介绍 NBT 光化还原法，其原理是氮蓝四唑（NBT）在蛋氨酸和核黄素存在的条件下，照光后发生光化还原反应而生成蓝甲潜，蓝甲潜在 560nm 处有最大光吸收。SOD 能抑制氮蓝四唑的光化还原，其抑制强度与酶活性在一定范围内成正比。

1. 仪器、设备及材料

1）仪器和设备

分光光度计、冷冻离心机、微量进样器、水浴锅、光照培养箱（或其他照光设备）、5mL 小烧杯等。

2）材料和试剂

（1）50mmol/L pH=7.8 的磷酸缓冲液（PBS）。

（2）*L*-甲硫氨酸：称甲硫氨酸 0.34g，用 pH=7.8 的 PBS 溶解定容至 150mL。

（3）氯化硝基氮蓝四唑（NBT）溶液：称 NBT 3mg，用 pH=7.8 的 PBS 溶解定容至 5mL。

（4）核黄素：称 2.936g 核黄素，用 pH=7.8 的 PBS 溶解定容至 200mL（遮光保存）。

（5）0.2mol/L 磷酸氢二钠溶液：A 母液为取 $Na_2HPO_4 \cdot 2H_2O$ 35.61g 或 $Na_2HPO_4 \cdot 7H_2O$ 53.65g 或 $Na_2HPO_4 \cdot 12H_2O$ 71.64g 加蒸馏水定容到 1000mL；B 母液为取 $NaH_2PO_4 \cdot H_2O$ 27.6g 或 $NaH_2PO_4 \cdot 2H_2O$ 31.21g 加蒸馏水定容到 1000mL。

（6）磷酸缓冲液（pH=7.8）的配制：分别取 A 母液（Na_2HPO_4）91.5mL 和 B 母液（NaH_2PO_4）8.5mL 混匀，稀释至 200mL。

2. 方法与步骤

1）酶液制备

称取对照和逆境胁迫的新鲜植物叶片各 0.5g，分别放入研钵中，加 50mmol/L 的磷酸缓冲液（pH=7.8），研磨成匀浆。4℃下 15000r/min 离心 15min，上清液定容至 5mL，取部分上清液经适当稀释后用于酶活性测定。

2）酶活性测定

在 3mL 的反应混合液中含 *L*-甲硫氨酸（2.5mL）、NBT（0.25mL）、核黄素（0.15mL）、50mmol/L pH=7.8 的磷酸缓冲液（0.05mL），加入经适当稀释的适量酶液。以不加入酶液（用缓冲液代替）的试管为最大光化还原管，用缓冲液作空白管（用缓冲液代替 NBT）。然后将各管放在 4000 lx 光照培养箱或日光灯下照光约 20min，测定反应液 560nm 的光密度。

3. 结果计算

已知 SOD 活性单位以抑制 NBT 光化还原的 50%为一个酶活单位（U），按下式计算活性：

$$SOD总活性=[(Ack-AE)\times V]/(1/2Ack\times W\times V_t)$$

$$SOD比活力=SOD总活性/蛋白质含量$$

式中，SOD 总活性以酶活单位每克鲜重表示（U/g FW）；比活力单位以酶单位每毫克蛋白表示；Ack 为照光对照管的吸光度；AE 为样品管的吸光度；V 为样品液总体积（mL）；V_t 为测定时的酶液用量（mL）；W 为样品鲜重（g）；蛋白质含量单位为 mg/g。

Ⅱ 过氧化物酶（POD）活性的测定——愈创木酚法

在过氧化物酶催化下，H_2O_2 将愈创木酚氧化成茶褐色产物。此产物在 470nm 处有最大光吸收，故可通过测 470nm 下吸光值变化测定过氧化物酶活性。

1. 仪器、设备及材料

1）仪器和设备

分光光度计、台式离心机。

2）材料和试剂

（1）磷酸氢二钠、磷酸二氢钠、2-甲氧基酚、30% H_2O_2、陶瓷小研钵、2mL 离心管、0.2mol/L 磷酸缓冲液（pH=6.0）、0.2mol/L 磷酸缓冲液（pH=7.8）。

（2）0.2mol/L 磷酸氢二钠溶液：A 母液为取 $Na_2HPO_4\cdot 2H_2O$ 35.61g 或取 $Na_2HPO_4\cdot 7H_2O$ 53.65g 或取 $Na_2HPO_4\cdot 12H_2O$ 71.64g 加蒸馏水定容到 1000mL；B 母液为取 $NaH_2PO_4\cdot H_2O$ 27.6g 或取 $NaH_2PO_4\cdot 2H_2O$ 31.21g 加蒸馏水定容到 1000mL。

（3）磷酸缓冲液（pH=6.0）的配制：分别取 A 母液（Na_2HPO_4）12.3mL 和 B 母液（NaH_2PO_4）87.7mL 混匀，稀释至 200mL。

2. 方法与步骤

1）酶液提取

称取 0.2g 新鲜叶片，洗净后置于预冷的研钵中，分三次加入 1.6mL（0.6mL、0.5mL、0.5mL）50mmol/L 预冷的磷酸缓冲液（pH=7.8）在冰浴上研磨成匀浆，转入离心管中在 4℃、12000r/min 下离心 20min，上清液即为酶粗提液。

2）酶活性测定

（1）反应混合液的配制：取 50mL PBS（pH=6.0，0.2mol/L）缓冲液于烧杯中，加入 28μL 愈创木酚（2-甲氧基酚）于磁力搅拌器上加热搅拌，直至愈创木酚溶解，待溶液冷却后加入 19μL 30%的 H_2O_2，混匀后保存于冰箱中备用。

（2）酶活性测定：取 3mL 反应液并加入 40μL 酶液后测定 OD_{470} 值在 40s 的变化。以 PBS 代替酶液为对照调零。

3. 结果计算

以每分钟 OD 值变化（升高）0.01 为 1 个酶活性单位（U），按下式计算活性（单位：U/g FW）：

$$\text{POD 活性}=(\Delta A470\times V_t)/(W\times V_s\times 0.01\times t)$$

式中，$\Delta A470$ 为反应时间内吸光度的变化；W 为样品鲜重（g）；t 为反应时间（min）；V_t 为提取酶液总体积（mL）；V_s 为测定时取用酶液体积（mL）。

4. 注意事项

（1）反应液配制时由于愈创木酚难溶，应加热一段时间。加入 H_2O_2 前注意溶液冷却，防止 H_2O_2 的挥发。

（2）由于该反应迅速，加入酶液要立即进行吸光值的测定。

Ⅲ 过氧化氢酶（CAT）活性的测定

过氧化氢酶（catalase，CAT），是一种广泛存在于生物组织中的氧化还原酶，它能催化 H_2O_2 分解为水和氧气，清除组织中的过氧化氢。H_2O_2 在 240nm 处有一个吸收高峰，其吸光度与 H_2O_2 的含量成正比，过氧化氢酶能分解过氧化氢，使反应溶液吸光度（A_{240}）随反应时间而降低。单位时间内吸收的差值就是过氧化氢酶的活性。

1. 仪器、设备及材料

1）仪器和设备

分光光度计、台式离心机。

2）材料和试剂

（1）磷酸缓冲液（pH=7.0）的配制：分别取 A 母液（Na_2HPO_4）61.0mL 和 B 母液（NaH_2PO_4）39.0mL 混匀，稀释至 200mL。

（2）0.3%H_2O_2：吸取 0.5mL 30%的 H_2O_2，用 PBS（pH=7.0）定容至 50mL。

2. 方法与步骤

1）酶液提取

称取 0.2g 新鲜叶片洗净后置于预冷的研钵中，分三次加入 1.6mL（0.6mL、0.5mL、0.5mL）50mmol/L 预冷的磷酸缓冲液（pH=7.8）在冰浴上研磨成匀浆，转入离心管中在 4℃、12000r/min 下离心 20min，上清液即为 CAT 粗提液。

2）酶活性测定

（1）反应混合液的配制：取 100mL PBS（0.15mol/L，pH=7.0），加入 0.1546mL 30%的 H_2O_2 摇匀即可。

（2）取 2.9mL 反应液加入 0.1mL 酶液，以 PBS 为对照调零，测定 OD_{240} 值在 40s 内的变化。

3. 结果计算

酶活性计算：以每分钟OD值减少0.01为1个酶活性单位（U），按下式计算活性（单位：U/g FW）。

$$CAT=[\Delta A_{240}\times V_t]/(W\times V_s\times 0.01\times t)$$

式中，ΔA_{240}为反应时间内吸光度的变化；W为样品鲜重（g）；t为反应时间（min）；V_t为提取酶液总体积（mL）；V_s为测定时取用酶液体积（mL）。

Ⅳ 抗坏血酸过氧化物酶 （APX）活性的测定

抗坏血酸过氧化物酶（APX）的发现至今已有40多年。Foyer和Halliwell首先于1976年发现以抗坏血酸（AsA）为电子供体的一种过氧化物酶。Nakano和Asada与1980年报道了完整的菠菜叶绿体中存在以光化学还原剂作为电子供体的过氧化物酶，但在破碎的叶绿体中活性很低。1981年他们正式确定此酶就是APX，且存在于叶绿体的基质中。以后的20年里对其酶学特性、分布、定位、作用机制、生理功能以及分子生物学特性等方面都做了不少研究，表明APX是植物和藻类特有的清除过氧化氢（H_2O_2）的重要酶类。

APX催化的反应为

$$AsA+H_2O_2\longrightarrow 2MDA\text{（单脱氢抗坏血酸自由基）}+2H_2O$$

与过氧化物酶（POD）所催化的反应

$$AH_2+H_2O_2\text{（ROOH）}\longrightarrow A+2H_2O\text{（R-OH）}+H_2O$$

不同。

事实上，POD依照其生理功能的不同可分为两类。第一类是参与催化反应的电子供体的氧化产物具有一定生理功能的POD，典型的例子是酚特异性过氧化物酶（PPO），又称愈创木酚过氧化物酶，它可以氧化降解吲哚乙酸，生物合成木质素，且与衰老密切相关；第二类是以清除H_2O_2、有机氢的过氧化物为功能的酶，如植物体中的抗坏血酸过氧化物酶（APX）、哺乳动物中的谷胱甘肽过氧化物酶（GSH-POD）、酵母中的细胞色素C过氧化物酶（Cyt C-POD）等等。

已经发现APX存在于菠菜、豌豆、浮萍、美国梧桐、棉花、黄瓜、蓖麻子、向日葵、茶叶、小麦、大麦、玉米、烟草、西葫芦等植物的叶片中，同时在豆科植物的根瘤、蓖麻等油料植物种子、马铃薯块茎以及藻类中均检测出APX活性。

高等植物的APX存在着多种同工酶。一种是光合器官型，又称叶绿体型同工酶，包括位于基质中的APX和同类囊体膜结合的APX（tAPX）；另一种是非光合器官型，在植物细胞的胞浆、线粒体和乙醛酸循环中均已发现，且这类酶在总的APX中所占的份额最大。

不同材料及不同器官的研究结果表明，APX、Cyt C-POD、PPO的酶学特性也是明显不同的。

APX 是植物 AsA-GSH 氧化还原途径的重要组分之一，其他成分包括单脱氢抗坏血酸自由基还原酶（MDHAR）、（双）脱氧抗坏血酸还原酶（DHAR）和谷胱甘肽还原酶（GR）等。这个途径在叶绿体、线粒体和胞浆中均已发现。

H_2O_2 是植物叶绿体中光合电子传递链和某些酶学反应的天然产物，是具有毒害作用的活性氧。高浓度的 H_2O_2 可以抑制卡尔文（Calvin）循环中的酶类。由于叶绿体不存在过氧化氢酶（CAT）和谷胱甘肽过氧化物酶（GSH-POD），且叶绿体 APX 对 H_2O_2 的 Km 远比 CAT 小，因此 APX 是叶绿体中清除 H_2O_2 的关键酶。与其他 POD 相比，APX 尤其是叶绿体型 APX 有一明显特征，即在缺乏电子供体 AsA 的情况下会迅速失活。

APX 是植物体内尤其是叶绿体中清除 H_2O_2 的关键酶。在注入热休克、盐渍、百草枯（paraquat）处理等逆境条件下导致 APX 转录水平和酶活性的提高。

AsA-POD 催化 AsA 与 H_2O_2 反应，使 AsA 氧化成单脱氢抗坏血酸（MDAsA）。随着 AsA 被氧化，溶液的 OD_{290} 值下降，根据单位时间内 OD_{290} 减少值，计算 AsA-POD 活性。AsA 氧化量按消化系数 2.8mmol·cm/（L·cm）计算，酶活性用 μmol AsA/g FW 表示。

1. 仪器、设备及材料

1）仪器和设备

高速冷冻离心机、紫外分光光度计。

2）材料和试剂

（1）50mol/L 磷酸缓冲液（pH=7.0）。

（2）2mmol/L AsA。

（3）0.1mmol/L EDTA-2Na。

2. 方法与步骤

1）酶液提取

0.5g 材料，按 1∶5 加入预冷的提取液（50mmol/L K_2HPO_4-KH_2PO_4 缓冲液，pH=7.0，内含 2mmol/L AsA，0.1mmol/L EDTA-Na_2），研磨后再 10000*g* 离心 10min，上清液为粗酶提取液。

2）酶活性测定

反应体系如下：

试剂	加入量	终浓度
PBS（pH=7.0）	1.8mL	50mmol/L
AsA	100μL	0.3mmol/L
提取液	100μL	/
H_2O_2	1mL	0.02mL/10mL

加入后，立即在 290nm 测定 90s 内 OD 值的变化，计算酶活性。

6.2 重金属胁迫下植物体的可塑性响应

在自然界中，重金属具有很强的蓄积性、隐蔽性、不可逆性和长期性，它所带来的环境问题一直是被关注的焦点之一。土壤中的重金属可以轻易被植物吸收，并在其体内各部位累积。尽管在长期的进化过程中，生物形成了特定的调整能力，能够适应分布地一般性的环境变化，但这种能力并非无限的。当环境中重金属含量超过一定限度时，生物就会受伤害，甚至死亡。

不同的生物对特定胁迫因子的反应有所不同。即便是同种生物，生物个体对特定胁迫因子反应的特性和强度因年龄、适应程度、季节甚至每日活动而有很大变化。虽然胁迫因子强度与引发的反应之间存在良好相关，但仍不能假定生物所受伤害的程度与胁迫因子强度成比例。生物中所有胁迫引发的变化也不需要明确是损伤性的或保护性的。问题在于，特定条件下生物体是否受胁迫，只能靠与正常个体的行为比较来回答。

生物个体的环境因子也包括生物因子和非生物因子两类，个体对非生物因子量的响应也呈现最低、最适和最高三种情况。生物体在其生境中经常遭受多种限制发育乃至生存的胁迫。地球上的大部分地区，如干旱区、盐土区、南极、北极和高山区，即使有非常适宜生物生长的条件，也是短暂的。在理化条件适宜大多数生物生长的地方，很密集的生物个体之间的竞争就会强烈。例如，密林中林冠下部光照很弱，致使那里的苗木生长受到抑制；密集生物群体还会诱生寄生虫和真菌病。总之，最适条件十分少见和短暂，故这里着重讨论重金属胁迫对个体的影响。

6.2.1 植物光合作用及光能利用效率对重金属胁迫的可塑性响应

光合作用与光照之间的关系是许多生理生态研究的基础。植物光合作用与光的关系有两个重要的参数：①表观光合作用为零时的光强度——光补偿点；②光合作用不再随光强增加时的光强度——光饱和点。除了这两个参数之外，植物的光合强度在一天中的变化（日进程）也是生理生态学研究的重要内容，是植物生物生产、竞争和适应等研究的基础。

同一基因型的光合生理生态特性是相同的。但是，现实中的表现型受到环境因子的影响，或多或少地产生可塑性变化。例如，光合日进程受一日中光强、温度、湿度及风速变化的影响；长期处于不同逆境条件下的植物，光补偿点和光饱和点也会发生变化。要做出生态学判断，需要在一个相对短的时间里对多个生境中生长的植物加以比较。

本实验旨在了解植物光合作用吸收CO_2的能力，并了解植物的光合作用对重金属胁迫的可塑性响应。

1. 仪器、设备及材料

光合作用测定系统、叶室和气路系统、照度仪和辐射仪、风速仪、叶面积测定系统、湿度仪、植物水分状况测定仪（压力室）。

2. 方法与步骤

1）使用 LI-COR 6400 光合作用仪测定

按照仪器规定步骤，观测不同浓度梯度重金属处理植物以及同种各个处理的光-光合作用曲线，比较光补偿点、光饱和点、光量子效率、最大光合速率等参数。

2）使用 LCA4 仪器测定

按照仪器规定步骤，比较固定光强下及各个处理的光合作用强度。

3）使用红外线气体分析仪测定

（1）装好叶室底板，调整好气路系统，打开红外线气体分析仪电源，预热 10min。

（2）测定叶室内 CO_2 浓度变化，每 15s 记录一次，共约 10 次。

（3）同步测定光强、气温、空气湿度和风速等环境因子，测定间隔为 30～60s。

（4）计算结果。计算公式为

$$P_n = \frac{\Delta C}{1000000} \times \frac{60}{t} \times \frac{44}{22.4} \times \frac{273}{273+T} \times \frac{100}{L} \times V \tag{1}$$

式中，P_n 为净光合速率[$mgCO_2 \cdot /(dm \cdot h)$]；$\Delta C$ 为 CO_2 浓度差（ppm）；t 为光合时间（min）；T 为叶室内气温（℃）；L 为叶面积（cm^2）；V 为叶室体积（cm^3）。

3. 可塑性指数（PI）计算

PI=（参数最大值–最小值）/最大值

6.2.2　植物蒸腾作用及水分利用效率对重金属胁迫的可塑性响应

蒸腾作用（transpiration）是水分从活的植物体表面（主要是叶子）以水蒸气状态散失到大气中的过程，与物理学的蒸发过程不同，蒸腾作用不仅受外界环境条件的影响，而且受植物本身的调节和控制，因此它是一种复杂的生理过程。土壤中的重金属可以轻易被植物吸收，并在其体内各部位累积而影响植物蒸腾作用及水分利用效率。本实验旨在了解不同浓度梯度重金属胁迫对植物蒸腾作用的影响。

1. 仪器、设备及材料

LI-COR 6400、LCA4、电子天平（0.1～1g）、空气温湿度仪、辐射仪和照度计、风速仪、叶面积仪、计时表、压力室式水势仪。

2. 方法与步骤

1）使用 LI-COR 6400 光合作用仪测定

按照仪器规定步骤，观测不同浓度梯度重金属胁迫下植物蒸腾速率、气孔导度、水分利用效率等参数。

2）使用 LCA4 仪器测定

按照仪器规定步骤，观测不同浓度梯度重金属胁迫下植物蒸腾速率、气孔导度、水分利用效率等参数。

3）重量法（基准方法）

（1）用保鲜膜封闭花盆。

（2）调平电子天平，打开电源，计时钟开始计时。

（3）仔细按盆号称重，注意重复。

（4）同步测定光强、气温、空气湿度、风速和水势。

（5）测定间隔为 30～60min。

（6）计算结果。公式为

$$T_r = \frac{W_1 - W_2}{T \times A}$$

式中，T_r 为蒸腾速率[g/（$cm^2 \cdot h$）]；W_1 为当前时刻的花盆重；W_2 为下一时刻的花盆重；T 为测定的时间间隔（h）；A 为花盆的总叶面积（cm^2）。

3. 可塑性指数（PI）计算

PI=（参数最大值–最小值）/最大值

6.3　重金属在植物体内的迁移、积累和分布研究

植物从土壤中吸收重金属后，有一个不断积累和逐渐放大的过程。生物积累包含两个过程：①生物浓缩，指生物体通过对环境中某些物质的吸收和积累，使这些物质在生物体内的浓度超过环境中浓度的现象；②生物放大，指在同一食物链上的高营养级生物通过吞食低营养级生物蓄积某物质，使其在机体内的浓度随营养级数提高而增大的现象。因此，重金属在生物组织中的浓度要比其周围环境中的浓度高出许多倍。在农业生态系统中，植物吸收、积累水或土壤中的重金属，使其迁移分布于植株体的各个部位，当动物或人体取食植株的根、茎、叶、花或果时，重金属就在食物链中积累起来，达到较高的浓度，从而直接危害人体健康。下面以铜为例，介绍重金属在植物体内的迁移、积累和分布研究方法。

6.3.1　植物体内重金属含量的测定

1. 仪器设备与试剂

（1）原子吸收分光光度计、铜空心阴极灯、烘箱、粉碎机。

（2）铜标准贮备溶液：称取 1.000g 金属铜（99.9%以上）于烧杯中，用 20mL 硝酸溶液（1∶1）加热溶解，冷却后，转移至 1L 容量瓶中，稀释至刻度，混匀，即获得 1mg/mL 的铜标准贮备溶液。

也可用硫酸铜配制：称取 3.928g 硫酸铜（$CuSO_4 \cdot 5H_2O$，未风化），溶于水中，移入 1L 容量瓶中，加 5mL 硫酸溶液（1∶5），稀释至刻度，即为 1mg/mL 铜标准贮备溶液。

将铜标准贮备溶液储存于聚乙烯瓶中备用。

（3）铜标准溶液：使用前，吸取该贮备溶液 10mL 于 100mL 容量瓶中，稀释至刻度，

混匀，即获得 100mg/L 的铜标准液。

2. 操作步骤

1）标准曲线的绘制

取 6 个 25mL 容量瓶，分别加入 5 滴 1∶1 盐酸，依次加入 0.0mL、1.00mL、2.00mL、3.00mL、4.00mL、5.00mL 的浓度为 100mg/L 的铜标准液，用去离子水稀释至刻度，摇匀，配成含 0.00mg/L、0.40mg/L、0.80mg/L、1.20mg/L、1.60mg/L、2.00mg/L 铜标准系列，然后在原子吸收分光光度计上测定吸光度。以浓度为横坐标，吸光度为纵坐标，绘制铜的标准工作曲线。

2）样品的制备

将植物样品先置于 105℃下杀青 0.5h 后，再于 70℃下过夜，烘干至恒重。将烘干的样品粉碎，过 2mm 孔径的尼龙筛，装入玻璃广口瓶、塑料瓶或洁净的样品袋中，备用。分析前需要再次烘干。

3）样品的消化

准确称取 1.000g 已处理好的植物样品于 100mL 锥形瓶中（3 份），用少量去离子水润湿，加入混合酸 10mL（硝酸∶高氯酸=5∶1），同时做 1 份试剂空白，盖上弯颈漏斗，放置于通风橱内浸提过夜。将样品转移到温度可调的电热板上，微热至反应物颜色变浅，用少量去离子水冲洗锥形瓶内壁，逐步提高温度至消化液处于微沸状态。在消化过程中，如有炭化现象可再加入少许混合酸继续消化，直至试样变白，拿去弯颈漏斗，加热近干，取下冷却，加入少量去离子水，加热，冷却后用中速定量滤纸过滤到 25mL 容量瓶中，再用去离子水稀释至刻度，摇匀待测。

4）试液的测定

与标准曲线绘制的步骤相同，依次测定空白试液和试样溶液中铜的浓度。试样溶液中测定元素的浓度较高时，需要做相应稀释，再上机测定。

3. 实验结果

所测得的吸收值（如空白试剂有吸收，则应扣除空白吸收值）在标准曲线上得到相应的浓度 M，则试样中：

$$\text{铜的含量（mg/kg）}=1000MV/m$$

式中，M 为标准曲线上得到的铜的相应浓度（mg/mL）；V 为定容体积（mL）；m 为试样质量（g）。

6.3.2　重金属在植物亚细胞中的分布

植物为了适应重金属胁迫条件，常常形成一定的耐性机制，避免受到重金属的毒害。现有研究发现，一些重金属超积累植物或耐性植物，在吸收了重金属之后，能够将重金属转化成不具生物活性的形态存在，将其结合到细胞壁、进入液泡或与有机酸和蛋白质络合等。通过研究重金属元素在亚细胞中的分布特征和结合形态，有助于了解重金属在细胞中的生理活动过程和解释植物对重金属的富集和解毒机制。目前对于重金属在植物亚细胞中的分布研究，主要采用亚细胞差速离心技术。

具体操作步骤如下：

（1）植物样品制备：将植物新鲜材料先后用自来水、蒸馏水反复冲洗，再用 10mmol/L EDTA-2Na 仔细清洗，最后用去离子水冲洗干净，吸干表面水分，置于–20℃冰箱中迅速冰冻备用。

（2）植物体内亚细胞组分的分离：准确称取植物新鲜样品 2g，加入 20mL 预冷的提取液[0.25mmol/L 蔗糖+50mmol/L Tris HCl 缓冲液（pH=7.5）]，研磨匀浆。匀浆后用尼龙纱布过滤，滤渣为细胞壁部分；滤液在 600r/min 下离心 10min，沉淀为细胞核部分；上清液在 2000r/min 下离心 15min，沉淀为叶绿体部分；上清液在 10000r/min 下离心 20min，沉淀为线粒体部分；上清液为含核糖体的可溶部分。每组均离心两次。全部操作在 4℃下进行，使用冷冻离心机，在 4℃下离心。

（3）金属含量测定：以提取剂为空白，上清液用原子吸收分光光度计直接测定金属含量；残渣和沉淀用去离子水少量多次洗入 50mL 锥形瓶中，在电热板上加热近干后，加入 5mL 体积比为 4∶1 的 HNO_3-$HClO_4$ 进行消煮至澄清，用去离子水定容至 10mL 后测定。

6.3.3　重金属在植物体内的形态分布

重金属经过植物吸收，进入植物体后，会与植物体内多种化合物结合，形成不同的化学形态，分布于各个组织和器官中。这些不同化学形态的重金属迁移能力、活性各不相同，对植物体的毒性也差异显著。植物体内重金属的形态分析方法主要包括色谱分析法、化学沉淀法、离子交换树脂法、微孔滤膜过滤法和连续化学提取法等。其中，连续化学提取法因提供的信息多、对仪器设备要求低，被国内外学者广泛采用。目前化学连续提取法主要有五步连续提取和两步连续提取两种类型。

1. 植物中重金属形态分布的五步连续提取法测定

五步连续提取法是较为经典的植物体内重金属形态分析方法。根据不同提取剂对不同结合态金属元素的溶解能力，依次采用 80%乙醇、去离子水、1mol/L 氯化钠溶液、2%醋酸、0.6mol/L 盐酸进行提取。其中，80%乙醇主要提取以醇溶性蛋白质、氨基酸盐等为主的物质；去离子水主要提取水溶性有机酸盐、一代磷酸盐等；1mol/L 氯化钠溶液主要提取果胶酸盐与蛋白质结合态或吸附态的重金属等；2%醋酸主要提取难溶于水的重金属磷酸盐，包括二代磷酸盐、正磷酸盐等；0.6mol/L 盐酸主要提取草酸盐等。

具体操作为：准确称取植株鲜样 0.5g，剪成 1mm^2 的碎片，置于锥形瓶中，加入 20ml 提取剂于电动振荡器上振荡 2h 后，于 25℃恒温箱中放置过夜（17～18h），次日回收提取液，再加入等体积该提取剂，振荡浸提 2h 后再回收提取液，重复 2 次，即在 24h 内提取 4 次，合并提取液于锥形瓶中。于上述植物残渣中加入下一种提取剂，然后步骤同上。将回收的提取液，在电热板上蒸发至近干，加入 5mL 体积比为 4∶1 的 HNO_3-$HClO_4$ 进行消煮至澄清，用 2%HNO_3 定容至 10mL，使用原子吸收分光光度计测定金属含量。

采用下列 5 种提取剂依次逐步提取：80%乙醇、去离子水、1mol/L 氯化钠溶液、2%醋酸、0.6mol/L 盐酸。最后为残留态，参照 6.3.1 节，进行残留物的消解和金属含量测定，以确定残留态含量。

2. 植物中重金属形态分布的两步连续提取法测定

五步连续提取法操作过程较为烦琐，耗时长，并且每一步提取过程都不可避免地出现再吸附现象，使得连续提取法的回收率不够理想。同时，新鲜样品常常由于含水量大，采用新鲜植物样品进行分析，会导致固液分离不理想，增加分析误差。而且由于新鲜样品不易保存，不利于大量样品的分析。为此，吴慧梅等（2012）提出采用两步连续提取的办法来进行植物体内重金属的形态分析。该方法将植物体内重金属形态分为乙醇提取态、盐酸提取态和残渣态三种。其中，乙醇提取态主要包括无机盐和氨基酸盐，在植物体内呈溶解状态，是植物体内生物活性最强的形态，易迁移，而且对植物体的毒性效应最为显著。盐酸提取态活性程度较乙醇提取态低，包括有机酸盐、果胶酸盐、蛋白质结合态等，这部分重金属能与植物成分螯合，迁移能力降低。残渣态，活性低，容易在植物体的组织器官中蓄积，很难向其他部位迁移。残渣态的形成能有效降低重金属对植物体的危害。

该方法具体步骤如下：

（1）植物样品制备：将采集的植物样品带回实验室后，立即用自来水、去离子水冲洗 2～3 遍，将水吸去后晾干。植物的根、茎、叶样品于鼓风干燥箱中 95℃杀青 30min，65℃下烘干至恒重；果实样品采用冷冻干燥。干燥后的植物样品经研磨、过 100 目筛后，封存，备用。

（2）准确称取 0.4g 植物粉末，放入 30mL 聚四氟乙烯离心管中。

（3）加入 10mL 80%乙醇溶液，室温振荡 20h，10000r/min 离心 10min，收集离心液。残渣中再次加入 10mL 乙醇提取剂，室温振荡 2h，离心分离，重复 2 次，将 3 次离心液合并在 50mL 三角瓶中，置于 140℃电热板上加热浓缩后，加 2mL 浓硝酸加盖回流 2h，消煮至澄清，用 2%HNO_3 定容至 25mL，用原子吸收分光光度计测定金属含量。

（4）在上述植物残渣中加入 10mL 0.6mol/L HCl 提取剂，其余步骤同（3）。

（5）参照 6.3.1 节，进行残留物的消解和金属含量测定，以确定残渣态重金属含量。

6.3.4 植物对重金属的迁移、转运和富集系数的计算

重金属可以通过植物根系向植物叶片迁移并累积，因此可以用富集系数来反映植物叶片和土壤中重金属含量的关系和不同地点对重金属富集能力的差异。植物的重金属转移系数和富集系数可用来表征土壤-植物体系中重金属元素迁移的难易程度。

转移系数 TF（translocation factors）是植物地上部和根部重金属含量的比值，可以体现植物从根部向地上部运输重金属的能力。富集系数 EC（enrichment coefficient）是地上部或地下部分重金属含量和土壤中重金属含量的比值，是评价植物富集重金属能力的指标之一。计算公式为

转移系数=植物地上部分重金属含量/根部重金属含量

富集系数=植物地上或地下部分重金属含量/土壤中重金属含量

6.4　植物根系分泌物的采集与鉴定

在植株生长过程中，由根系的不同部位分泌或溢泌一些有机和无机物质，包括小分子有机物、根细胞分泌物及其分解组分，以及黏胶物质，气体、质子、营养离子等较大分子物质统称为根系分泌物。不同植物具有不同的根生长期，每个时期的根系分泌物种类各不相同，其种类繁多，数量差异大，包括初生代谢产物如糖、蛋白质和氨基酸等和次生代谢产物如有机酸、酚和维生素等。根系分泌物是保持根际生态系统活力的关键因素，同时也是根际微环境的重要调控组分。植物在生长发育过程中不断分泌无机离子及有机化合物，这是植物长期适应环境而形成的一种适应机制。多采用有机溶剂对根系分泌物进行提取，如甲醇、乙酸乙酯、石油醚、氯仿、二氯甲烷等。对比多种研究结果发现，乙酸乙酯和二氯甲烷提取的根系分泌物较多，提取较充分，效果较为理想。使用高效液相色谱法、色谱-质谱连用技术及其他谱学法对植物根系分泌物的化学成分进行分析和鉴定。下面以常见观赏植物吊兰为例，介绍植物根系分泌物的采集与鉴定。

6.4.1　根系分泌物的收集及纯化

Ⅰ　水培收集法

水培收集法是最常用的根系分泌物收集法。该方法是将植物进行营养液培养，在特定时期将植物取出，用蒸馏水清洗去表面黏附物和养分离子，放入清水或含有微生物抑制剂的营养液中培养一段时间，将培养液过滤，除去养分离子后，即为根系分泌物。该方法只能代表植物在水培条件下的分泌情况。

1. 仪器设备与试剂

1）仪器设备

旋转蒸发仪、超声波细胞破碎仪、离心机、分液漏斗、滤纸、微孔滤膜、锥形瓶、高效液相色谱棕色进样瓶、移液管等。

2）材料与试剂

材料：吊兰。

试剂：乙酸乙酯（分析纯）。

2. 操作步骤

（1）取出水培 30d 的吊兰植株，用清水和蒸馏水去除根表面附着的基质及黏液，用滤纸吸干根表面水分，将吊兰放入盛有 50mL 蒸馏水的三角瓶中，培养 24h 后收集根系分泌物于棕色瓶中。

（2）使用微孔滤膜过滤去除微生物后使用滤纸过滤 3 次，合并滤液。

（3）使用超声波细胞破碎仪 20℃超声 5min，4000r/min 离心 5min，收集上清液。

（4）将根系分泌物与乙酸乙酯充分混均（1∶3）萃取 30min，反复 3 次。有机相经旋转蒸发仪在 55℃下旋转蒸发浓缩至 2mL，装入高效液相色谱棕色进样瓶中，4℃冷藏备用。

3. 注意事项

（1）该方法虽然操作简单，但无法做到严格的无菌状态，微生物抑制剂虽然可以很好地抑制微生物的生长，但同时可能对植物的生长、生理状况造成一定的不良影响。

（2）水培条件缺少机械助力，与土壤中的通气状况、养分分布存在一定差异，只能反映植物在水培条件下的根系分泌物状况。

Ⅱ 土培收集法

土培收集法是在土培的植物生长一段时间后，将其根系取出，用蒸馏水浸提，振荡后离心或过滤，得到根系分泌物。该方法得到的根系分泌物与植物自然生长条件下的实际分泌情况更加接近。

1. 仪器设备与试剂材料

1）仪器设备

旋转蒸发仪、离心机、分液漏斗、滤纸、微孔滤膜、锥形瓶、高效液相色谱棕色进样瓶、移液管等。

2）材料与试剂

材料：吊兰。

试剂：乙酸乙酯（分析纯）。

2. 操作步骤

（1）使用尼龙网制作根际箱或根际袋，构建根垫装置，土培吊兰植株。待吊兰根垫形成后，收集吊兰根际土，按液∶土=10∶1 的体积或质量比，用蒸馏水振荡浸提吊兰根际土 1h，然后 4000r/min 离心 20min，收集上清液。

（2）使用微孔滤膜过滤上清液 3 次，去除微生物。

（3）将根系分泌物与乙酸乙酯充分混均（1∶3）萃取 30min，反复 3 次。有机相经旋转蒸发仪在 55℃下旋转蒸发浓缩至 2mL，装入高效液相色谱棕色进样瓶中，4℃冷藏备用。

3. 注意事项

（1）土壤中微生物种类、数量繁多，会迅速分解和利用植物根系分泌物。

（2）植物根系与土壤分离时，根系极易受到损伤，收集的土壤溶液中会包含很多根系本身的内含物和伤流液。

6.4.2　根系分泌物的鉴定

红外光谱仪、紫外-可见光谱仪、气相色谱仪、液相色谱仪、离子色谱仪、质谱仪、毛细管电泳仪、核磁共振仪等均可用于精确鉴定根系分泌物。光谱法主要根据未知组分在某一特定波长下产生的特征吸收峰不同进行鉴定。其中红外光谱法能给出待测组分的分子结构信息，包括待测组分的去向以及存在的官能团等。质谱仪能与多种色谱仪——高效液相色谱、气相色谱、离子色谱、毛细管电色谱等联用，进样量小且灵敏度高，能有效鉴定待测组分的功能基团。本方法仅提供气相色谱-质谱联用（GC-MS）的方法进行鉴定。鉴定条件如下：毛细管柱（30m×0.32mm×0.25μm）；升温程序为初始温度40℃，保持5min，以每分钟升10℃上升至200℃，保持2min，再以每分钟升20℃上升至280℃，保持2min；进样量为1μL；进样口温度280℃；检测器温度280℃；载气为氦气，载气流速1mL/min；分流比为10∶1；电离电压为70eV；扫描范围为40～700amu；应用质谱数据库，确定各组分。

根据GC-MS检测，得到植物根系分泌物的总离子流图，并将所得色谱峰的质谱图信息在质谱库中进行检索（相似度大于80%），鉴定植物根系分泌物的化学成分，按照面积归一化法确定各成分的质量分数。

第7章 土壤动物分析实验技术

7.1 土壤动物样品的采集

7.1.1 土壤动物的采样方法

工具准备：卷尺、铁锹、布袋、塑料布、铅笔、标签、镊子、环刀、酒精（75%）等。

为使所采集的土壤动物具有典型性和代表性，我们依据土地功能划分采样区，在采样区设定采样点，每个采样点分别设定若干个（例如4个）采样单元，其中两个单元用于大型土壤动物采集，另外两个单元用于中小型动物的采集。

样方的设定：样方可设定为25cm×25cm或30cm×30cm，深度为20cm或30cm。考虑测定土壤动物的垂直分布状况，可在垂直方向分层取样，如0～10cm、10～20cm、20～30cm。理论上应随机设定样方的位置，但在实际工作中应避开石块、灌丛等。样方在垂直方向上一般以20cm为宜。

以30cm×30cm为例，详述以下采样方法：在每个采样点，选取30cm×30cm采样单元4个。其中两个单元用于大型动物收集，自地表向下按0～5cm、5～10cm、10～15cm、15～20cm 分四层取样，手捡各层大型土壤动物，采样个数为样点数×采样单元数×采样层数。另两个单元，先捡去采样点上部的枯枝落叶，然后用100cm^{3}取土环刀分别在0～5cm、5～10cm、10～15cm、15～20cm不同深度平行采样四次。每层的三个环刀的土壤材料用于收集中小型土壤动物，采样个数为样点数×采样单元数×采样层数×每层环刀数；另一个环刀1/4的土壤材料用于收集湿生土壤动物，采样个数为样点数×采样单元数×采样层数。

【注意】土壤动物样品的采集应选择在温度较高、土壤比较活跃的月份进行，为避免温度变化对动物数量和分布的影响，应尽快在同一时间段内收集各个样点的动物样品；同时为了减少其他因素对样品的影响，采样区域尽量远离沟渠、道路和肥堆等人为活动影响较强的地方。

7.1.2 土壤动物的分离方法

土壤动物的分离主要采用了手拣分离法、Tullgren 法（干漏斗法）[图 7-1（a）]和Baermann法（湿漏斗法）[图 7-1（b）]。手拣分离法主要用于分离大型土壤动物，在野外条件允许的情况下，为了减少工作量和各种负担，大型土壤动物就地进行手拣法分离，土壤动物拣出后用75%酒精固定，编号存放，其中蚯蚓活体带回实验室另备体内污染元素含量分析。Tullgren 法用于分离中小型土壤动物，考虑土壤材料的体积和室内温度对土壤动物分离的影响，我们采用5W光照分离器，以持续照射24h分离出来的动物个体数作为统计标准。Baermann 湿漏斗法用于分离湿生土壤动物，采用 40W 光照分离器，持续 48h，收集湿生土壤动物。

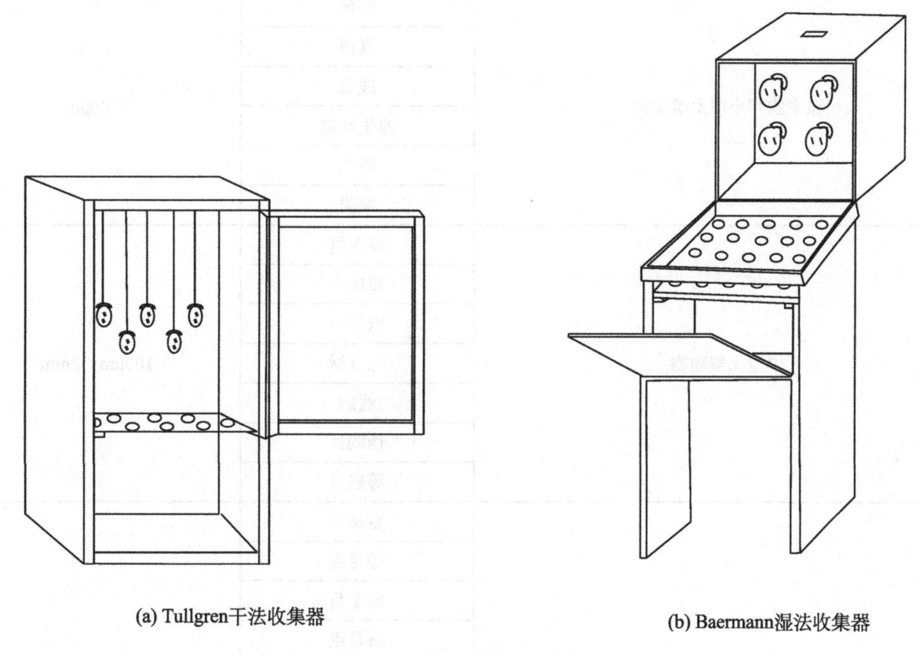

图 7-1　土壤动物收集装置

7.1.3　土壤动物的分类鉴定

野外手拣的大型土壤动物和室内 Tullgren 分离装置收集的中小型土壤动物样品采用 75%酒精固定和保存，随后在双目体视显微镜下进行分类鉴定。其中多数昆虫纲类群主要参考相关昆虫分类图鉴进行分类和鉴定。昆虫纲的弹尾目和其他土壤动物类群主要参考《中国土壤动物检索图鉴》和世界弹尾目名录（Checklist of the Collembola of the World）网站进行分类鉴定。蜱螨纲、唇足纲、腹足纲、蠋虫戋纲、蜘蛛目、盲蛛目、等足目等门类主要参考《中国土壤动物检索图鉴》等进行分类、鉴定。多数土壤动物类群鉴定到科，一些类群鉴定到目。由于成虫和幼虫在土壤中的功能和作用不尽相同，因此鉴定过程中采用成虫和幼虫分开的方法统计土壤动物的种类和数量。

根据土壤动物体宽划分为小型土壤动物、中型土壤动物、大型土壤动物和巨型土壤动物（表 7-1）。小型土壤动物为体宽在 0.1mm 以下的微小动物，生活在土壤或枯落物的充水孔隙中，主要是原生土壤动物和部分线虫类土壤动物。中型土壤动物为体宽在 0.1～2mm 的动物，生活在土壤和枯落物的充气孔隙中，以螨类、部分弹尾目、鞘翅目、双翅目、寡毛纲等小型无脊椎动物为主。大型和巨型土壤动物为体宽在 2mm 以上，一般栖息在地表凋落物中或在土壤中挖掘的穴道中，主要包括唇足纲、等足目、倍足目、部分鞘翅目、蜘蛛纲和寡毛纲等。其中，大型土壤动物检索表见本章附表 1，土壤线虫检索表见本章附表 2。

表 7-1 土壤生物按体型大小分类

土壤动物分类		体宽
微生物和小型土壤动物	细菌	<100μm
	真菌	
	线虫	
	原生动物	
	轮虫	
	螨类	
中型土壤动物	弹尾目	100μm～2mm
	原尾目	
	双尾目	
	综合纲	
	线蚓	
	伪蝎目	
	等翅目	
大型和巨型土壤动物	盲蛛目	2mm～20mm
	等足目	
	端足目	
	唇足纲	
	倍足纲	
	蚯蚓	
	鞘翅目	
	蜘蛛目	
	软体动物	

7.2 大型土壤动物分析

7.2.1 土壤动物组成的统计方法

为了数据处理的方便、可靠，将同一采样点获得的大型、中小型及湿生土壤动物的个数分别换算为每立方米土壤体积中的动物个数，然后进行累加，作为该采样点土壤动物的数量，单位为个/m^3。在确定各采样区的土壤动物数量时，各个样点的每立方米土壤中动物个数加和平均作为采样区的每立方米土壤中动物个数，用公式可以表达为

$$r_i=\frac{1}{n}\sum_{m=1}^{n}r_m$$

式中，r_i为第 i 个采样区的土壤动物的数量（个/m^3）；r_m为第 i 个采样区内第 m 个样点的土壤动物的数量（个/m^3）；n 为第 i 个采样区内的样点数。在确定各采样区土壤动物的类群时，将采样区各采样点出现的土壤动物种类的总数记做该采样区的类群数。

7.2.2　土壤动物类群结构特征分析方法

在土壤动物类群结构特征分析中，主要计算了以下几种指数：多样性指数采用 Shannon-Wiener 多样性指数、Margalef 多样性指数（M）、复杂多样性指数（DIC）和密度-类群指数（$D·G$）；均匀度采用 Pielou 均匀性指数（e）；优势度指数采用 Simpson 优势度指数（C）；相似性采用 Jaccard 群落相似性指数（q）和 Motyka 群落相似系数（S_m）。

1. 多样性指数计算

Shannon-Wiener 多样性指数（$\bar{H}$）：

$$\bar{H}=-\sum_{i=1}^{S}\frac{n_i}{N}\times\log_2\left(\frac{n_i}{N}\right)$$

式中，N 为动物个体总数；n_i 为第 i 个动物种的个体数；S 为动物类群数。

Shannon-Winer 多样性指数来源于信息理论，表示系统中物种出现的紊乱和不确定程度，该值越大，物种的多样性越高。该指数中包含了两个因素：一是物种的数目即丰富度，二是物种个体的均匀性。物种数目的增加或物种个体分配均匀性的增加都会使多样性提高。对背景土壤中的动物群落多样性的衡量主要采用该指数进行评价。

Margalef 多样性指数：

$$M=\frac{S-1}{\log_2 N}$$

式中，M 为 Margalef 多样性指数；其他符号意义同前。

对凋落物中的动物群落多样性的衡量主要采用 Margalef 多样性指数计算。凋落物中的土壤动物与土壤中的动物群落相比数量较少，类群也由于食性原因而有限。因此，凋落物中土壤动物多样性的计算采用了 Margalef 多样性指数 M。该指数对于类群组成简单的群落进行多样性衡量时具有一定的优越性。例如，群落中仅存在两个类群，且两类群的个体数量相当时，采用 Shannon-Wiener 多样性指数计算所得的 $\bar{H}$ 值会相对较高，而 Margalef 多样性指数 M 表现出更高的适宜性。

复杂多样性指数（DIC）：

$$\mathrm{DIC}=g/G\sum_{i=1}^{S}\left[1-\left(\frac{|X_{i\max}-X_i|}{X_{i\max}+X_i}\right)\right]\frac{C_i}{C}$$

式中，$X_{i\max}$ 为多个群落中第 i 类群的最大个体数；X_i 为要测量的群落中第 i 类群的个体数；g 为群落中的类群数；G 为各群落所包含的总类群数；C_i/C 为每个类群在各个群落中出现的相对次数，即在 C 个群落中第 i 类群出现的比率。

密度-类群指数（$D·G$）：

$$D\cdot G=\left(\frac{G}{\mathrm{GT}}\right)\sum_{i=1}^{S}(D_i/D_{i\max})$$

式中，$D\cdot G$ 为密度-类群指数；D_i 为第 i 类群的密度；$D_{i\max}$ 为各群落中第 i 类群的最大密度；G 为某群落中的类群数；GT 为各群落所包含的总类群数。每个类群在各群落中的最大相对密度为 1。因为每个样地所采的土样体积相同，所以 D_i 和 $D_{i\max}$ 以各类群的个体数来代替。

2. 均匀性指数计算

Pielou 均匀性指数（e）：

$$e = \frac{\bar{H}}{\ln S}$$

式中符号的意义同前。均匀性是指一个群落或生物环境中全部物种个体数目的分配状况，它反映的是各物种个体数目分配的均匀程度，即 e 值越大说明物种个体数目在全部物种之间分配得越均匀。

3. 优势度指数计算

Simpson 优势度指数（C）：

$$C = \sum\left(\frac{n_i}{N}\right)^2$$

式中，C 是群落个体集中程度的一种表示，其值越大，表明多样性和均匀性越差；其他符号的意义同前。

4. 相似性指数计算

Jaccard 群落相似指数（q）：

$$q = \frac{c}{a+b-c}$$

式中，q 为 Jaccard 群落相似性指数；a、b 分别为 A、B 样地的类群数；c 为 A、B 样地共有的类群数。相似性指数 q 在 0.75～1.0，表示两群落极相似；q 在 0.5～0.75，表示中等相似；q 在 0.25～0.5，表示中等不相似；q 在 0～0.25，表示极不相似。

Motyka 群落相似系数（S_{m}）：

$$S_{\mathrm{m}} = \frac{2\sum M_{\mathrm{w}}}{M_A + M_B} \times 100$$

式中，S_{m} 为 Motyka 群落相似系数；M_{w} 为 A、B 两个群落共有种的较小定量值；M_A 为 A 群落中全部物种的定量值总和；M_B 为 B 群落中全部物种的定量值总和（定量值以个体数代替）。S_{m} 在 75～100，表示两群落极相似；S_{m} 在 50～75，表示中等相似；S_{m} 在 25～50，表示中等不相似；S_{m} 在 0～25，表示极不相似。

群落相似性是指群落的相似程度，多用 Jaccard 群落相似指数来衡量。Jaccard 群落相似指数只考虑动物类群的有无，忽视了生物群落组成的数量之别，而 Motyka 群落相似系数考虑了群落中各类群的数量特征。群落相似性不只是组成的相似性，还应考虑相同组成的个体数量的相似程度，因此应综合考虑这两个指数才能够较全面地衡量两群落之间的相似程度。

5. 土壤动物的集聚时间

土壤动物各类群在凋落物分解过程中的集聚时间可以采用演替指数表示，其计算公式为

$$T_i = \sum_{i=1}^{S} n_i \times m_i / N$$

式中，T_i 为演替指数，即集聚时间；n_i 为第 i 次取样时某类群的个体数；m_i 为从开始到第 i 次采样时的月数；N 为某类群的个体总数；其他符号意义同前。

土壤动物不同类群的集聚时间的标准差计算公式为

$$S_{\mathrm{dv}} = \sqrt{\sum_{i=1}^{S} n_i \times \left(m_i - T_i\right)^2 / N}$$

式中，S_{dv} 为标准差；其他符号意义同前。

7.2.3　土壤动物富集系数的计算方法

捕获大型土壤动物——蚯蚓后，活体带回实验室，在培养皿中进行饥饿培养，即在湿润、有氧的环境下使其吐尽肠内物。待其肠内物去除后将蚯蚓体风干，使用玛瑙研钵研磨并全部通过 1mm 分样筛。而后用硝酸和高氯酸湿法消解样品，消解液用于蚯蚓体内的重金属元素含量测定。

蚯蚓体内重金属含量与其生存土壤中的重金属含量的比值（K）大小，可以判定蚯蚓对重金属元素的富集情况。

$$K_m = C_i^{\mathrm{e}} / C_i^{\mathrm{S}}$$

式中，K_m 为第 m 项重金属元素的富集系数；C_i^{e} 为蚯蚓体内重金属元素的含量；C_i^{S} 为对应采样区土壤中重金属元素的含量。

7.2.4　相关的数据统计分析方法及软件

数据的统计分析中，采用 Ducan 多重比较分析凋落物中土壤动物多度、凋落物损失量在各月份之间的差异性。采用多元方差分析研究凋落物物种、网孔等对凋落物分解速率，土壤动物群落多度以及总氮含量的作用及其交互影响。凋落物现存量百分数（代表反向凋落物分解速率）采用反正弦平方根转换、土壤动物多度数据采用对数转换以满足方差分析的要求。采用 Pearson 相关系数分析凋落物净损失率与土壤动物密度和多样性之间的关系。数据统计分析使用 SPSS13.0 分析软件包完成。

采用典范对应分析方法分析土壤动物群落与环境因子之间的关系。典范对应分析（canonical correspondence analysis, CCA）作为一种排序方法，是在对应分析（correspondence analysis, CA）的基础上和多元回归结合起来，每一步计算结果都与环境因子进行回归，而详细地研究植被与环境之间的关系，可以结合多个环境因子一起分析，从而更好地反映群落与环境的关系。CCA 排序可以将种类排序及环境因子排序表示在一

个图上，这样可以直观地看出类群分布与环境因素之间的关系。这种排序图称为双序图（biplot）。环境因子一般用箭头表示，箭头所处的象限表示环境因子与排序轴间的正负相关性，箭头连线的长度代表某个环境因子与类群分布间相关程度的大小。箭头连线和排序轴的夹角代表某个环境因子与排序轴的相关性的大小。此项分析采用 Canoco4.5 软件包完成。

7.3　土壤线虫分析

线虫身体透明，并且有结构与功能对应关系好等特点，因此越来越多地被作为土壤指示生物来使用，特别是用来评价生态系统的土壤生物学效应、土壤健康水平、生态系统演替和受干扰程度。新西兰土壤生态学家 Yeates 等（1999）在进行土壤线虫动物区系实验研究时发现，由于土壤类型影响而导致 CO_2 浓度的自然增加，随着 CO_2 浓度的增加，土壤线虫的丰富度和多样性有所降低，而食细菌线虫的优势度和比例有所增加。据估计，采集 $10cm^2$ 表层土壤，可以算出每平方米有 1.7×10^3～2.0×10^7 条线虫，其重量每平方米达 0.7～17.8g。对土壤动物学工作者来说，线虫个体数量多，种类丰富，生活区域广阔，是最重要的动物类群之一。目前，对于土壤中线虫的分离方法主要有离心浮选法、贝尔曼漏斗法、浅盘法。

7.3.1　离心浮选法

将 30g 供试土样放在离心管内，加 100mL 蒸馏水并充分搅匀，放置于离心机内，转速设置为 2000r/min，离心 5min，弃去上清液，加入事先配置好的浓度为 800g/L 的蔗糖溶液，混匀，再次以相同的转速、相同的时间离心，将上清液注入预先装有蒸馏水的烧杯中，用 300 目、400 目、500 目网筛套在一起，将烧杯内的水倒入筛网，并用蒸馏水冲洗，最后将三个筛网里的线虫分别冲洗到带平行横纹的塑料培养皿中，置于立体解剖镜下计数。

7.3.2　贝尔曼漏斗法

在口径为 20cm 的塑料漏斗末端接一段橡皮管，在橡皮管后端用弹簧夹夹紧，在漏斗内放置一层铁丝网，其上放置两层纱网，并在上面放一层线虫滤纸，把 100g 土样均匀铺在滤纸上，加蒸馏水浸没土壤，置于 20℃室温条件下分离。分别在经过 24h、36h、48h 后，打开夹子，放出橡皮管内的水于小烧杯中，然后同离心浮选法一样，用三个套在一起的筛网过筛，冲洗，收集，计数。

7.3.3　浅盘法

将 10 目的不锈钢筛盘放入配套的浅盘中，在筛盘上放置两层纱网，再放一层线虫滤纸，然后把 100g 土样均匀铺在滤纸上，加水至浸没土壤，置于 20℃室温条件下分离。分别在经过 24h、36h、48h 后，收集浅盘中的水，然后同离心浮选法一样，用三个套在一起的筛网过筛，冲洗，收集，计数。

【注意】上述三种方法的实验，每个样本需重复 3 次，获得的数据换算成线虫条数/100g 干土。

7.3.4　土壤线虫功能类群的鉴定方法

根据线虫的口针、食道及尾部形态等特征的不同，将线虫分为食细菌、食真菌、植食和杂食线虫 4 个功能类群。结果与分析包括了三种方法对土壤线虫的分离效率比较（表 7-2）、贝尔曼漏斗法不同时段的线虫分离效率比较（表 7-3）、浅盘法不同时段的线虫分离效率比较（表 7-4）。

表 7-2　三种方法分离的线虫数　（单位：条/100g 干土）

分离方法	线虫总数	<300 目线虫	300～400 目线虫	400～500 目线虫	食细菌线虫	食真菌线虫	植食线虫	杂食线虫
离心浮选法								
贝尔曼漏斗法（48h）								
浅盘法（48h）								

表 7-3　贝尔曼漏斗法不同时段的线虫分离百分率　（单位：%）

分离时段	线虫总数	<300 目线虫	300～400 目线虫	400～500 目线虫	食细菌线虫	食真菌线虫	植食线虫	杂食线虫
贝尔曼漏斗法（0～24h）								
贝尔曼漏斗法（24～36h）								
贝尔曼漏斗法（36～48h）								

表 7-4　浅盘法不同时段的线虫分离百分率　（单位：%）

分离方法	线虫总数	<300 目线虫	300～400 目线虫	400～500 目线虫	食细菌线虫	食真菌线虫	植食线虫	杂食线虫
浅盘法（0～24h）								
浅盘法（24～36h）								
浅盘法（36～48h）								

附表1　大型土壤动物检索表

（一）软体动物门——腹足类检索

1. 有厣，雌雄同体，具螺旋形贝壳以鳃呼吸——→2

无厣，具有螺旋形，贝壳退化或无，壳口无厣，以“肺”呼吸——→3

2. 厣为椭圆形——→原始腹足目（Archaeogastropoda）

厣为圆形——→4

3. 具螺旋形贝壳——→蜗牛

贝壳退化或无——→蛞蝓

4. 贝壳形态多变——→中腹足目（Mesogastropoda）

（二）环节动物门——寡毛纲类检索

1. 体长一般<40mm——→2

1’. 体长一般>40mm——→2’

2. 体节和环带常不明显——→3

2’. 体节和环带常明显——→3’

3. 雄孔与精漏斗隔膜仅间隔半节——→小蚓类（Microdrile oligochaetes）

3’. 雄孔位于精漏斗隔膜后，且至少间隔1节——→正蚓目（Lumbricida）

（三）节肢动物门——螯肢亚门、甲壳亚门、单肢亚门检索

1. 第一对附肢螯状、亚螯状或牙状——→2

第一对附肢非螯状、非亚螯状或非牙状——→7

2. 第二对附肢螯状、足状或触角状，4对步足——→3

3. 体分头部、胸部和腹部，两部之间有细的腹柄——→4

头胸部和腹部连接处宽阔，整体呈椭圆形——→5

4. 腹部多不分节，末端有纺器——→蜘蛛目（Araneae）

5. 背甲中部有一隆丘，两侧各有1个眼——→6

6. 背甲前侧缘有1对臭腺的开孔——→盲蛛目（Opiliones）

7. 外形具有坚硬的体壁——→8

外形不具有坚硬的体壁——→12

8.　身体腹背扁平，分头、胸、腹⟶9

9.　无明显头胸甲⟶10

10. 胸部7节，各节有1对步足⟶11

11. 腹部6节，各节短小⟶等足目（Isopoda），如鼠妇

12. 虫体1～4节为胸部⟶13

每个体节只有1对步足⟶16

13. 第1节无足，后3节各1对足⟶14

14. 腹部每2个背板合成一体节⟶15

15. 每体节都有2对足而不是1对⟶倍足纲（Diplopoda），如马陆

16. 步足15对以上⟶唇足纲（Chilopoda），如蜈蚣

1'. 角质化的前翅，后翅膜质，折叠在前翅下⟶18

2'. 前胸大，中后胸多愈合⟶19

3'. 咀嚼式口器⟶20

4'. 触角一般11节⟶鞘翅目（Coleoptera）

附表 2　土壤线虫检索表

1. 具有侧尾孔⟶2

1’. 无侧尾腺孔⟶2’

2. 无尾腺⟶3

2’. 具尾腺⟶3’

3. 侧器开口小⟶4

3’. 侧器开口大⟶4’

4. 常呈孔状⟶5

4’. 呈螺旋形或圆形⟶5’

5. 位于唇区⟶泄管纲（Secementea）⟶6

5’. 位于唇区之后⟶泄腺纲（Adenophorea）⟶7

6. 无口针⟶小杆目（Rhabditida）

6’. 有口针⟶垫刃目（Tylenchida）⟶7

7. 背食道腺孔在中食道球瓣前方⟶8

7’. 背食道腺孔在中食道前体部⟶8’

8. 中食道球大⟶9

8’. 中食道球较小⟶9’

9. 直径近似体宽⟶滑刃亚目（Aphelenchina）

9’. 直径小于 3/4 体宽⟶垫刃亚目（Tylenchina）

第 8 章　土壤微生物分析实验技术

8.1　土壤微生物的分离和纯化

土壤是微生物生长和栖息的良好基地。土壤具有绝大多数微生物生活所需的各种条件，是自然界微生物生长繁殖的良好基地。因此，土壤是微生物资源的巨大宝库。

牛肉膏蛋白胨培养基是一种应用最广泛和最普通的细菌基础培养基，可用于培养细菌。链霉素可以抑制细菌和放线菌的生长，对酵母菌和霉菌等不起作用。在培养基中加入一定量的链霉素，可以从混杂的微生物群体中分离出酵母菌和霉菌等。而重铬酸钾或苯酚对土壤真菌、细菌有明显的抑制作用，可用于选择分离放线菌。

应用稀释涂布平板法分离各种微生物，在菌落计数后，通过菌落形态观察并挑取特定的菌落进行划线分离纯化，多次重复后可以得到单菌落。在对该特定菌落形态等进行初步鉴定后，将纯化的菌株接入斜面传代保藏。

8.1.1　培养基的制备与微生物的培养

1. 培养基的制备

用于土壤微生物生长繁殖使用的培养基成分常有营养物质、凝固物质及抑制剂和指示剂（不是每种培养基都含有以上全部成分）等。营养物质提供合成微生物体的原料、生长繁殖所需的能量，主要有氮源、碳源、无机盐、生长因子和水等。凝固物质本身不能被微生物利用，在微生物生长的温度范围内为固态，通常是琼脂，特殊情况下也可用明胶、卵白蛋白、血清等。抑制剂是为了减少非检出菌的生长，含抑制剂的培养基通常为选择培养基。指示剂用来指示微生物是否利用和分解培养基的某些成分，有助于对生化结果的判断和微生物的鉴别。

培养基按性状可分为液体、半固体、固体培养基等。其性状主要取决于凝固剂的含量。按用途可分为基础培养基、营养培养基、选择培养基、鉴别培养基、增菌培养基和特殊培养基等。基础培养基含有一般微生物生长繁殖所需要的基本营养成分。营养培养基在基础培养基中加入特殊营养成分，供营养要求较高和需要特殊营养的微生物生长繁殖。选择培养基是在基础培养基中加入抑制剂。鉴别培养基是在基础培养基中加入底物和指示剂。国内外已有很多商品化的干燥培养基和完全成品的培养基供应，使用更为方便。

1）琼脂培养基配制的一般方法和步骤

（1）称量。按照培养基配方，正确称取各种原料放于烧杯中。

（2）溶化。在烧杯中加入所需水量（根据实验需要加入蒸馏水或自来水），用玻棒搅匀，加热溶解。

（3）调 pH（也可以在加入琼脂后再调）。用 1mol/L NaOH 溶液或 1mol/L HCl 调 pH 至所需的值，控制在所需 pH±0.2 之内。培养基在高压灭菌时其 pH 会降低 0.1～0.2，所以调节时的所需值应比实际所需值高 0.1～0.2。

（4）加琼脂溶解。在琼脂溶化过程中，需不断搅拌，可加热溶解，但需控制火力不使培养基溢出或烧焦，待完全溶解后，补足所失水分。

（5）灭菌备用。灭菌可在分装之前或之后进行，灭菌的方法视培养基的种类而不同。一般培养基采用高压灭菌法，即 121℃（$1.05kg/cm^2$）灭菌 15min；含糖培养基用 108℃（$0.35kg/cm^2$）灭菌 15min；含不耐高热物质（如血清、牛乳等）可采用间隙灭菌法。配制低 pH 的琼脂培养基时，琼脂和培养基其他组分应分开灭菌，以免培养基难以凝固。在培养分离硝化细菌时，培养基中一般要加碳酸钙，碳酸钙应单独灭菌，然后再加入到已融化的培养基中，充分混匀。

（6）分装。根据不同的需要可分装到平板或试管等器具内。制平板培养基时，应在无菌操作条件下在培养基冷却到 45～50℃时将培养基倾入灭菌平皿，厚度一般为 3～4mm。制试管培养基时，培养基的分装量一般为管高的 1/5。特别注意不要使培养基黏在管口上，以免污染。

2）三大类菌群的基础培养基配方

（1）细菌基础培养基：

①牛肉膏蛋白胨琼脂：牛肉膏 3.0g，蛋白胨 5.0g，琼脂 18g，NaCl 5.0g，蒸馏水 1000mL，pH 为 7.0～7.2。

②生孢培养基（用于鉴定是否形成芽孢）：酵母膏 0.7g，蛋白胨 1.0g，琼脂 20g，葡萄糖 1.0g，$MgSO_4·7H_2O$ 0.2g，K_2HPO_4 1.0g，$(NH_4)_2SO_4$ 0.2g，蒸馏水 1000mL，pH 为 7.2。

（2）放线菌基础培养基：

①淀粉铵琼脂：$(NH_4)_2SO_4$ 2.0g，$CaCO_3$ 3.0g，K_2HPO_4 1.0g，可溶性淀粉 10.0g，$MgSO_4·7H_2O$ 1.0g，NaCl 1.0g，琼脂 18g，蒸馏水 1000mL。先用少量冷水把淀粉调成糊状再加入。

②改良高氏 1 号培养基：KNO_3 1.0g，$FeSO_4·7H_2O$ 0.01g，K_2HPO_4 0.5g，淀粉 20.0g（用法同上），$MgSO_4·7H_2O$ 0.5g，琼脂 18g，NaCl 0.5g，蒸馏水 1000mL。

临用时在已融化的高氏 1 号培养基中加入重铬酸钾溶液，以抑制细菌和霉菌的生长。每 300mL 培养基中加 3%重铬酸钾 1mL。

③马铃薯-蔗糖琼脂（PDA）：20%马铃薯浸出液 1000mL，蔗糖 20g，琼脂 18g。

马铃薯浸出液的制备方法：称取去皮马铃薯块 200g，加水 1000mL 煮至马铃薯块能被玻棒搓破为止。然后过滤，并补足水量。

（3）真菌基础培养基：

①麦芽汁培养基（分离、计数酵母用）：巴林 5° 麦芽汁 1000mL，琼脂 20g。

②马丁培养基：葡萄糖 10g，蛋白胨 5g，KH_2PO_4 1g，$MgSO_4·7H_2O$ 0.5g，琼脂 18g，孟加拉红（rose bangal）每升加 1%溶液 3.3mL，链霉素（每 100mL 培养基加 1%链霉素溶液 0.3mL），蒸馏水 1000mL。

链霉素在培养基溶化并冷却至 45～50℃时加入，用剩的链霉素液在冰箱（4℃）可保存 4 个月。每过 1 个月，在 1000mL 培养基中需多加 0.1mL。

③酸性麦芽汁琼脂：巴林 2°的麦芽汁加入 1.5%琼脂，分装于三角瓶内灭菌。临用时加入 0.3%浓乳酸（乳酸先在水浴内煮沸 10min 灭菌），pH 约为 5.0。

④酸性马铃薯琼脂：取去皮的马铃薯块 200g 加水 100mL，煮沸 20min 左右，用纱布棉花过滤。滤液加水至 1000mL，加 0.2%蔗糖及 1.5%琼脂，分装在三角瓶中灭菌。临用时在培养皿中加入 25%乳酸 2 滴。

⑤牛胆汁琼脂：$NaNO_3$ 3g，酵母膏 5g，$MgSO_4·7H_2O$ 0.5g，牛胆粉（oxgall）15g，KCl 0.5g，结晶紫 0.01g，$FeSO_4$ 0.01g，琼脂 15g，K_2HPO_4 1g，蒸馏水 1000mL。

3）培养基配制后的质量控制

（1）观察外观。配好的培养基的颜色、透明度应无异常，无沉淀和凝块，表面应无裂纹，琼脂与培养皿边缘应无分离。

（2）无菌试验。每一批都应做无菌试验。对于先分装后灭菌的培养基，若数量少于 100 个，一般抽出 5%～10%进行无菌试验，大批量的则取 10 个进行无菌试验；对于先灭菌后分装的培养基，应全部进行无菌试验。无菌试验的方法为将选取的培养基置于 35℃下培养 24h，观察有无菌落生长，有生长者为不合格。选择培养基因含有抑制剂，能抑制部分微生物的生长，因此可加入 10 倍量的无菌液体培养基稀释抑制剂，以利于检出污染菌。即使做过无菌试验，接种时，也要检查每个平板上有无可见菌落。

（3）性能试验。每批新购或新制培养基均需取已知菌进行性能试验。

增菌培养基：接种少量难以生长的细菌，在一定时间内观察增菌情况，细菌能生长的最小接种浓度越小，说明增菌培养基性能越好。

分离培养基：要求目的菌生长良好，非目的菌被抑制。一般要求生长的目的菌接种量不可过多，较好的方法是将测试菌调成 0.5 麦氏单位浊度的菌悬液，再接种 1μL 于培养基上，观察菌落生长。

鉴定培养基：应选择具有典型特征的菌株做性能试验，生化反应结果都应符合此菌种的特征。

2. 微生物的培养

常用的微生物培养方法有普通培养、CO_2 培养、微需氧培养和厌氧培养。普通培养是指好氧或兼性厌氧微生物在有氧条件下培养。CO_2 培养是指在 5%～10% CO_2 环境下培养。微需氧培养要求在环境为 5%～6% O_2、5%～10% CO_2、85% N_2 下培养。厌氧培养是指在无氧的条件下进行培养。厌氧微生物不能利用分子氧作为最终的电子受体而获得生活所必需的能量，因此厌氧培养的关键是创造一个良好的无氧环境。

1）好氧菌的培养

（1）固体表面培养：将微生物接种在固体培养基表面使其生长繁殖的方法，称固体表面培养。它广泛应用于好氧微生物的研究。

（2）液体培养：将微生物接种到液体培养基中进行培养的方法，称为液体培养法。这类方法有静止培养、摇瓶振荡培养、发酵罐培养等。静止培养是指接种后的培养液静止不动的培养方法。由于所用容器不同，培养方式也不同。摇瓶振荡培养是指将接种后的培养液处于非静止状态（如利用旋转式摇床或往复式摇床）进行培养。在实验室中，发酵罐培养一般采用小型发酵罐，发酵罐可以满足微生物对营养物质和氧气的要求，使微生物均匀生长，并产生所需的菌体细胞或代谢产物。

2）厌氧菌的培养

常用的厌氧菌培养方法有深层穿刺培养、焦性没食子酸吸氧法、厌氧罐培养、厌氧手套箱培养、亨盖特滚管培养等。其中亨盖特滚管培养技术是亨盖特（Hungate Robert）在1950年首次应用于研究瘤胃细菌的一种严格厌氧微生物培养的专门技术，现已成为厌氧细菌培养的标准方法。其高纯无氧气体的制备原理是利用气体通过灼热（350℃）铜柱，使处于高温的铜与气体中的微量氧反应生成CuO而去除氧。

该方法操作步骤如下：培养基按常规配制后，置于普通圆底烧瓶内，加入稍过量的水，加热煮沸。外源的CO_2或N_2加入1%～3% H_2，通过加热到350℃的装有铜丝的玻璃管柱，以除去CO_2或N_2中的微量氧。然后经导管上连接的针头通到烧瓶内。煮沸培养基，使其中加入的刃天青氧化还原指示剂由紫蓝色变成粉红色，再由粉红色变成无色，待培养基蒸发到所需配置的刻度时，停止加热。稍冷却后，将烧瓶移至47℃水浴中，加入半胱氨酸，并调节pH。用连接有橡皮嘴管的吸管经无O_2的CO_2或N_2冲洗，并在充满这类气体时吸取一定量的培养基，分装于试管内或厌氧的螺口小瓶中。此时，无氧的CO_2或N_2也由导管连接的针头通入其中，迅速盖上中间带孔的螺口胶盖和橡胶塞，或压上金属帽。

在分离厌氧菌时，将厌氧试管中的琼脂（1%琼脂）培养基熔化，并保存于47℃水浴中。取一定量的菌悬液注射到上述试管中，用试管振荡器混匀，立即放在盛有冰浴的滚管机上滚动，使培养基均匀地凝固在厌氧试管的管壁上，形成一薄层，置于30℃恒温培养箱中培养。为了防止含菌量过高，可采用10倍稀释法，将样品稀释到10^{-9}～10^{-7}倍，以便分离单个菌落。滚管壁上长出菌落后，在无氧的CO_2或N_2封闭情况下，用无菌弯头毛细管吸取长有菌落的琼脂，加至新鲜无菌厌氧培养基中进一步培养。

3. 微生物的接种与分离

1）平板划线法

此方法可使混杂在标本中的各种微生物分离开来，使各种微生物在培养基表面分散生长，各自形成菌落。平板划线法又有分区划线分离法和连续划线分离法之分。前者用于杂菌较多的标本，先将标本均匀涂于平板表面边缘一小区（第一区）内，约占平板1/5面积，再在二、三、四区依次连续划线；每划完一区，转动平板至合适位置上，将接种环灭菌一次；每一区的划线均接触上一区接种线几次（大约接触原划线的1/3为宜）。后者用于杂菌不多的标本，用接种环取少许标本，于平板1/5处密集涂布，然后来回做曲线连续划线接种，线与线之间有一定距离，划满平板为止。

2）斜面接种法

该方法主要用于菌种保存和生化鉴定。用接种针取单个菌落，从培养基斜面底部向上划一直线，再从斜面底部向上划连续的曲线。

3）液体接种法

用于各种培养基的接种，用接种环挑取单个菌落，倾斜试管，在液面与管壁交界处研磨接种物。研磨时应避免接种环与液体过多接触，以免形成气溶胶。

4）穿刺接种法

用于半固体、固体高层或高层斜面培养基的高层部分接种，用接种针取单个菌落于培养基中，夹直刺下去至离管底 0.4cm 处，再沿穿刺线退出来。

5）倾注平板法

用于兼性厌氧菌、厌氧菌或液体标本的活菌计数。取一定量液体标本于培养皿内，再将已溶化并冷却至 45～50℃的琼脂 20mL 左右倾注于平皿内，摇匀。

6）涂布接种法

将定量的被检菌液加到琼脂培养基表面，然后用灭菌“L”形玻璃棒或棉签于不同的角度反复涂布，使被接种液均匀分布于琼脂表面。

4. 微生物的保藏

微生物菌种保藏要求达到以下 3 点：①保持原种性状，延缓或防止退化；②保持活力；③保证纯培养，防止污染。微生物菌种保藏的关键是使微生物代谢缓慢，使之处于休眠状态。为此，要求降低其体内酶的活性。一般采用低温、干燥和缺氧条件来实现。

微生物菌种保藏的方法多种多样，保藏温度可分为常温、冷藏、低温冷冻、超低温冷冻、液氮冷冻等。保藏介质可分为液体培养基（如肉汤、甘油肉汤、羊血肉汤等）、半固体培养基（加或不加石蜡）、固体培养基（加或不加石蜡）、纸片、奶粉、砂土等。以上各种温度和介质可组合使用，但液体培养基冷冻时需加甘油。具体采用哪种方法可根据需保藏的时间长短、被保藏菌种所需的营养条件而定，一般温度越低能保藏的时间越长。土壤微生物常用的几种简易保藏法如下。

1）一般冰箱冷藏法

将菌种接种在新鲜培养基上，在适宜的温度下培养长出细菌后（如果是生芽孢的细菌或生孢子的放线菌和霉菌，需等到微生物长出孢子），贴上标签，在试管口用塞子塞好再用尼龙纸或防水纸包好，以防外界污染和水浸湿，放入冰箱中冷藏。一般每隔 3～6 个月需用新鲜培养基转种 1 次，转种 3 代做 1 次该微生物的常规性状鉴定，发现性状有变后应丢弃。由于该方法十分简便，故实验室常采用此法；缺点是移接代数太多时易产生遗传变异和功能退化。

2）加石蜡冰箱冷藏法

在已长好菌种的培养基上加入无菌液体石蜡油，高出培养基表面 1cm，直立试管放入冰箱保藏，这种方法保藏的时间较长，可达 1～2a。

3）砂土管保藏法

可用于保藏产孢子和芽孢的微生物。砂土管制备如下：取河砂若干，用 40 目过筛除去大颗粒，加 10% HCl 浸泡 2～4h（或煮沸 30min），以除去有机质，然后倒去酸水，用自来水洗至中性，烘干备用。另取 0.3m 以下非耕作层土壤若干，晒干磨细，用 120 目筛子过筛。按 1 份土加 4 份砂的比例均匀混合，装入指形管中。装量以 1cm 高为宜，塞上塞子，高压蒸汽灭菌（121℃）1h，取灭菌的砂土少许接入牛肉膏蛋白胨培养液中，在28～37℃培养1d，检验有无杂茵生长。如有，则须重新灭菌。待准备好无菌砂土管后，在新鲜菌种斜面上加入3mL左右的无菌水，用无菌接种环轻轻搅动培养液，制成菌悬液，然后用无菌吸管吸取0.2～0.3mL的菌悬液放入各个砂土管中，用接种环拌匀，并贴上标签，注明菌名。菌液加好后，立即抽真空干燥，要求在24h内抽干。抽干后摇散砂土放入干燥器内，置于冰箱保藏。

4）冷冻真空干燥法

可适用于细菌、放线菌、酵母和病毒等微生物的保藏，一般用脱脂牛奶或血清作为菌种的保护剂。由于该方法综合利用了低温、干燥、缺氧等有利于菌种保藏的因素，保藏的菌种具有成活率高、变异性小等特点。

5）菌种管理

微生物菌种需要按规定时间转种，一般每3代做1次常规性状鉴定。微生物菌种应由专人管理，出入、转种等任何操作都应登记在册，不能擅自处理菌种或将菌种带离实验室。

8.1.2　土壤微生物的分离与纯化

1. 实验材料与设备

1）实验材料

培养基：牛肉膏蛋白胨琼脂培养基、马丁培养基、高氏1号培养基。

2）实验器材

试管、三角瓶、烧杯、量筒、电子天平、精密pH试纸、培养皿、高压蒸汽灭菌锅、移液枪、枪头、接种环、酒精灯、链霉素（1万单位/mL）、10%苯酚、无菌水。

2. 操作步骤

（1）土样采集：取10cm左右深层土壤10g备用。

（2）制备土壤稀释液：称取1g土壤，放入有99mL无菌水的三角瓶中，振荡均匀，即为稀释10^{-2}的土壤悬液。然后进行十倍梯度稀释，依次制备10^{-3}、10^{-4}、10^{-5}、10^{-6}、10^{-7}稀释度的土壤稀释液。

（3）培养基平板制备：按培养基配方，配置牛肉膏蛋白胨琼脂培养基、马丁培养基、高氏1号培养基各100mL。灭菌后分别倒3个平板（高氏1号培养基灭菌前加入10滴10%苯酚，马丁培养基倒平板前加入2mL去氧胆酸钠（2%）和0.4mL 1万单位/mL链霉素）。

（4）接种：用无菌吸管吸取0.1mL相应浓度的土壤稀释液，以无菌操作技术接种在平板上，涂布均匀。细菌选用10^{-4}、10^{-5}、10^{-6}三个稀释度接种于牛肉膏蛋白胨琼脂培养基，放线菌与霉菌选用10^{-2}、10^{-3}、10^{-4}三个稀释度，分别接种于高氏1号培养基、马丁培养基（一个稀释度一个平板）。

（5）培养：细菌平板于37℃恒温培养1～2d，放线菌于30℃培养2～3d，霉菌于30℃

培养 3～5d，然后观察。

(6)计数：用稀释水样检测平板的菌落计数方法进行计数，计算细菌总数(CFU/mL)。

(7) 纯化：挑取典型菌落接种于相应平板，培养条件同上，培养纯化。

8.2　土壤微生物数量的计数

8.2.1　土壤微生物数量的平板培养计数

平板培养计数法的基本原理是通过将样品制成均匀的一系列不同稀释度的稀释液，使样品中的微生物细胞由原来聚集在一起变成分散开来，以单个细胞形式存在。再取一定量的稀释液接种，使其均匀分布于培养皿中的培养基内。经培养后，由单个细胞生长繁殖成菌落，统计菌落数目，即可计算出样品中的含菌数。因为只计算在培养基上生长繁殖形成的菌落，测定结果都是活菌数，故又称活菌计数法（或活孢子计数）。此法须按无菌操作进行。

1. 仪器设备与试剂

超净工作台、高压灭菌锅、培养皿、三角瓶、移液管、涂棒、无菌吸管。

实验所用试剂参见相关培养基制备。

2. 操作步骤

1）样品稀释液的准备

称取相当于 10g 烘干土重的新鲜样品。迅速倒入盛有三四十粒玻璃球的 100mL 无菌水的三角瓶中，充分振荡 15～30min，制成稀释 10 倍的样品稀释液，静置 30s 后，用 1mL 灭菌吸管吸取 1mL 10 倍稀释液加入 9mL 无菌水中（注意勿使吸管碰到无菌水），摇匀，即制成 100 倍稀释液，换用 1mL 灭菌吸管将 100 倍稀释液吹吸几次使菌液混匀，再吸 1mL 移入下一盛 9mL 无菌水的试管中，按上述方法稀释到亿倍或十亿倍稀释液。

2）接种

可用混合平板培养计数法和涂抹平板培养计数法等方法接种。

（1）混合平板培养计数法：上述样品稀释液准备完后，另取灭菌吸管吸取适当稀释倍数的样品稀释液 1mL，放入已灭菌的培养皿中（若吸取稀释液的顺序由稀释倍数低到稀释倍数高时，则每吸完一个稀释液后，就必须另取干净的灭菌吸管吸取另一个稀释倍数的稀释液；若吸取稀释液的顺序由稀释倍数高到低时，则可不必更换吸管），再倒入熔化并冷却到 50℃左右的琼脂培养基（根据测定的微生物的种类不同而选择各自合适的培养基）。

培养基在平面皿中铺成一薄层（约1.5mm）。并在一平面上做顺时针和逆时针方向反复滑动，使样品稀释液和培养基混匀，放平待其凝固后倒转放置，在被测生物适合温度下培养（每种样品用同样方法各做 6～9 个重复）。当在琼脂培养基中出现菌落后，统计单个菌落的数目，就可计算被测样品的含菌数。同时用不接种的平皿培养基做空白对照。

（2）涂抹平板培养计数法：先将溶化并冷却至50℃的琼脂培养基注入已灭菌的培养皿中，待凝固后，放在28℃下保温36～48h，以蒸发干培养基表面的冷凝水。然后接种样品不同稀释液0.1～0.2mL于培养皿中央。用无菌涂棒将稀释液均匀涂抹在平板表面。同一稀释度可用同一涂棒连续涂抹；否则，必须更换涂棒或涂棒灭菌后才能继续涂抹。涂抹后的培养皿，暂放几小时，待稀释液中的水分干后再将培养皿倒转，保温培养。待菌落长出后，计算菌落数，计算出被测样品的含菌数。

3. 结果计算

（1）在严格执行无菌操作和准确稀释、定量接种的条件下，接种不同稀释倍数的菌液，在平板上长出的菌落数量应随着稀释倍数的增减而相应的增减。在实际操作中总有一些误差，因此，统计菌落时，一般选择在同一稀释度的几个重复中的菌落数目相近者。若测定细菌和放线菌，则要求每皿以30～300个菌落为宜，若是真菌则以10～100个菌落为宜。同时，要求同一实验的各处理和前后不同次数的计算所选定的计数稀释度应尽可能一致。选择好计数的稀释度后，即可统计在平皿上长出的菌落数，计算求出每克土壤的活菌数。

（2）为了消除和减少操作过程中的误差，可综合不同稀释倍数的结果进行计算。例如，将接种10^{-7}稀释液的几个培养皿上菌落平均数除以10得到甲；由接种10^{-8}稀释液的几个培养皿上的菌落平均数得到乙；将接种10^{-9}稀释液的几个培养皿上的菌落平均数乘10得到丙；综合后得

$$10^{-8}\text{稀释液的含菌数}=(\text{甲}+\text{乙}+\text{丙})/3$$

8.2.2　土壤微生物的直接观察

迄今，人工培养基所能提供的营养和环境条件还远远不能满足土壤中所有微生物的生长发育需求，所能培养的微生物数量和种类还难以反映土壤微生物生态分布的实际情况。为了了解土壤微生物在自然条件下的真实情况，许多研究者提出了用各种显微镜直接观察和计数的方法。尽管这些方法都存在一定的局限性，如不易区别细菌的细胞和有机颗粒、难以区分死细胞和活细胞等，但用来比较不同土壤的微生物数量时，仍然有一定的意义。

1. 显微镜直接计数法

用吸管吸取一定量的土壤稀释液，滴在载玻片上，用酸性染料进行染色，此时菌体着色，土壤颗粒不着色。染色后直接用显微镜观察和计数。显微镜直接计数法不能区分死细胞和活细胞，一些放线菌菌丝体也常被着色，因此测得的微生物数量一般都偏高。

2. 埋片法

埋片法是将一洁净的载玻片埋入土壤内，不破坏土壤的自然结构，使微生物黏附于玻片的表面并生长发育。从这样的自然涂片中可以获得较为真实的土壤微生物的排列和

空间分布情况，但不能对菌种进行鉴别，也难以得到准确的微生物数量。

埋片法归纳起来有以下几种方法：

（1）将一块干净的载玻片贴在湿润的土壤上，适当地用力按紧，使土壤贴印在玻片上。然后让玻片自然干燥，再固定，染色后镜检。

（2）将熔化并保持在 45℃的培养基滴加在干净无菌的载玻片上端，稍倾斜载玻片，使之均匀下淌，形成一层薄膜。然后将玻片烘干，用无菌纸包好备用。埋片前，用剖面刀在土壤中插一窄缝，将涂有培养基的玻片直接（或装在特制的埋片盒内）插入土壤缝隙里，挤合缝隙，使土壤与载玻片紧贴。一段时间后，取出玻片，置于无菌培养皿内干燥一昼夜，然后取出，除去玻片上的土粒。乙醇固定，石炭酸伊红染色后镜检。

（3）土-砂培育埋片法需借助于特制的栽培箱，栽培箱倾斜度为 45°，背面是一块活动板。另有一块正好能放进箱内的置片架，其上有槽，可放置不同深度的载玻片。实验时，可在靠近埋片的一边装入无菌石英砂，其上再装满土壤，灌水，并在土中栽入植物（如水稻）。开始时，植株在土壤中正常生长，根系在生长过程中逐渐穿过砂子，沿玻片并紧贴玻片表面继续伸展。由于砂子容易从玻片上脱落，而微生物细胞仍然保留在玻片上，这就避免了土壤埋片法在应用于水分饱和土壤时，易在操作过程中搅乱印迹的不足；同时也克服了砂培埋片法不能反映根际微生物与土壤类型相互关系的固有缺点。这种方法非常适合于研究水稻根际微生物生态。

3. 毛细管法

土壤颗粒之间充满纵横交错的大小孔隙。空气、水分和养分随毛细管不断流通，构成毛细管系统。土壤微生物要依赖于毛细管系统传递的空气、水分和养分才能生存。毛细管法就是根据此原理设计的，现已被证明是研究淤泥及土壤微生物群落的一项有效技术。它是用一组特制的毛细管板（小型的宽 5～6mm，大型的宽 8～10mm；长度均为 9～11mm），每块板有 5 条毛细管组成。毛细管的横切面是长方形，小型孔的大小为 0.65mm×0.2mm，大型孔的大小为 1.0mm×0.30mm。毛细管板灭菌后插入已熔化的 0.2%琼脂内。琼脂由于虹吸作用而被吸入管内，并紧贴于毛细管的内壁上。然后，将毛细管板安装在支架套上，插入所要研究的土壤中。经数日或数月后取出，染色后镜检。

4. 荧光显微观察法

该方法利用一些荧光染料对菌体进行染色，然后用荧光显微观察。由于一般情况下活菌比死菌吸收染料少，两者产生的荧光颜色不同，故用荧光素染色的样品可将死活菌体分开。

8.3　土壤微生物生物量的测定

8.3.1　氯仿熏蒸提取法

土壤经氯仿熏蒸处理后，微生物被杀死，细胞破裂，促进微生物细胞活性组分，如微生物碳、氮、磷等的释放，导致土壤中的可提取碳、氨基酸、氮、磷和硫等大幅度增加。这些活性组分能有效地被 K_2SO_4 溶液提取。通过测定浸提液中有机碳的含量可以计算土壤微生物生物量碳；测定全氮的含量可以计算微生物生物量氮；应用茚三酮反应可测定 α-氨基酸的数量，也可估算微生物生物量。此外，还可通过测定浸提液中磷和硫的增加量，从而估算土壤微生物生物量磷和微生物生物量硫。本方法可与碳、氮、磷、硫的同位素结合，研究土壤和环境的碳、氮、磷、硫的循环和转化。氯仿熏蒸法测定土壤微生物生物量是依据熏蒸土样和对照（未熏蒸）土样在提取液中的含量差值确定的。

1. 仪器设备和试剂

1）仪器设备

培养箱、真空干燥器、真空泵、往复式振荡机（200 次/min）、冰柜、消煮炉、可溶性总碳（TOC）分析仪、流动注射仪、半微量蒸馏器、分光光度计等。

2）试剂

无乙醇氯仿（$CHCl_3$）：市售的氯仿一般含有乙醇（作为稳定剂），使用前必须除去乙醇。

硫酸钾溶液（K_2SO_4）（0.5mol/L）。

碳酸氢钠溶液（$NaHCO_3$）（0.5mol/L）。

磷酸二氢钾储备液（KH_2PO_4）（250mg/L）。

硫酸铬钾还原剂[$KCr(SO_4)_2$]：50.0g 硫酸铬钾溶解在 700mL 蒸馏水中，加入 200mL 浓硫酸，冷却后定容至 1L。

硫酸铜溶液（$CuSO_4$）（0.19mol/L）。

氢氧化钠溶液（NaOH）（10mol/L）。

测定提取液中碳、氮和磷的其他相关试剂。

2. 操作步骤

1）熏蒸

称取相当于 10.0g 烘干土重的新鲜土壤 3 份，分别放在约 25mL 的玻璃瓶中，一起放入同一干燥器中，干燥器底部放置几张用水湿润的滤纸，同时分别放入一个装有 50mL 1mol/L NaOH 溶液和一个装有约 50mL 无乙醇氯仿的小烧杯（内加少量抗暴沸的物质），用少量凡士林密封干燥器，用真空泵抽气至氯仿沸腾并保持至少 2min。关闭干燥器的阀门，在 25℃的黑暗条件下放置 24h。打开阀门，如果没有空气流动的声音，表示干燥器漏气，应重新称样进行熏蒸处理。当干燥器不漏气时，取出装有水和氯仿的玻璃瓶，氯仿倒回瓶中可重复使用。擦净干燥器底部，拿去滤纸，用真空泵反复抽气，直到土壤闻不到氯仿气味为止。在熏蒸处理的同时设未熏蒸对照土样 3 份。

2）提取碳、氮和磷

用 K_2SO_4 溶液提取碳和氮：转移熏蒸及未熏蒸土样至离心管中，加入 50mL 0.5mol/L 的 K_2SO_4 溶液，在振荡机上振荡浸提 30min，过滤（过滤前可低速离心），滤液转入带盖的容器中。

用 $NaHCO_3$ 溶液提取磷：转移熏蒸及未熏蒸土样至离心管中，加入200mL 0.5mol/L的 $NaHCO_3$ 溶液，在振荡机上振荡浸提30min，过滤（过滤前可低速离心），滤液转入带盖的容器中。同时，另取一份未熏蒸样品用来进行回收率实验，加1mL的 KH_2PO_4 储备液（250mg/L），振荡后提取。

3）测定

（1）测定 K_2SO_4 提取液中的可溶性总碳：目前测定的方法主要包括重铬酸钾氧化滴定法和可溶性总碳（TOC）自动分析仪法。

（2）测定 K_2SO_4 提取液中的总氮。

①蒸馏法。准确吸取30.0mL提取液于消煮管中，加入10mL硫酸铬钾还原剂和0.3g锌粉，充分混匀，室温下放置至少2h，再加入0.6mL硫酸铜溶液（0.19mol/L）和8mL浓硫酸。缓慢加热（150℃）约2h直至消煮管中的水分全部蒸发掉，然后高温（硫酸发烟）消煮3h。待消煮液完全冷却后，转移至50mL容量瓶，定容。然后吸取25mL加入半微量蒸馏器，并向蒸馏器中加入10mol/L氢氧化钠溶液约20mL（可根据实际情况调整氢氧化钠用量），进行蒸馏，用标准稀盐酸或硫酸溶液滴定硼酸吸收液。同时做空白对照。

②过硫酸钾氧化-流动注射仪法。吸取5mL提取液于带螺口盖的玻璃试管中，加入消化液5mL（每升消化液中含50g过硫酸钾、30g硼酸和15g氢氧化钠），立即盖好试管，称重，在高压灭菌锅内处理30min后，取出试管，冷却后称重，加入蒸馏水补足损失的水分，用流动注射仪测定硝态氮的含量。

（3）测定 K_2SO_4 提取液中的总磷：一般采用硫酸消化，钼蓝比色法测定。

3. 结果计算

根据熏蒸后提取液中可溶性有机碳增量（E_C，即熏蒸后提取液中有机碳含量减去未熏蒸对照提取液中有机碳含量）计算出土壤微生物生物量碳（C_{mic}）：$C_{mic}=E_C/K_{EC}$。式中，K_{EC}为熏蒸提取法的转换系数，如果用氧化滴定法测定有机碳，K_{EC}常取0.38；若用可溶性有机碳（TOC）自动分析仪，则K_{EC}为0.45。

根据熏蒸后提取液中全氮增量（E_N）计算出土壤微生物生物量氮（N_{mic}）：$N_{mic}=E_N/K_{EN}$。式中，K_{EN}为熏蒸提取法的转换系数，一般取0.54。

根据熏蒸后提取液中全磷增量（E_P）计算出土壤微生物生物量磷（P_{mic}）：$P_{mic}=E_P/K_{EP}$。式中，K_{EP}为熏蒸提取法的转换系数，一般取0.40。其中，根据碳酸氢钠溶液对添加到土壤 KH_2PO_4 的回收率，对E_P加以校正。

4. 氯仿熏蒸提取法注意事项

（1）氯仿熏蒸提取法成功的关键包括两点：熏杀必须完全；熏蒸后必须排尽残余氯仿。

（2）由于淹水土壤中较多的水分通常抑制了氯仿气体向土壤孔隙的渗透，从而影响到对微生物的熏杀和溶解，造成可提取的微生物生物量减少，因此，通常向淹水土壤中直接加入液态氯仿来熏杀微生物。

5. 氯仿熏蒸培养法

本方法主要用于测定土壤微生物生物量碳和氮。测定方法中的熏蒸步骤与熏蒸提取法相同。熏蒸处理后，向每份熏蒸处理的土壤加入 10g 未熏蒸的新鲜土壤，混合均匀。调节土壤含水量到田间持水量的 55%左右，培养 7～10d，测定土壤呼吸和无机氮的含量。根据熏蒸后二氧化碳释放和无机氮（铵态氮和硝态氮）的增加量计算土壤微生物生物量碳、氮。

氯仿熏蒸培养法比较成熟，适合于常规分析，但它存在比较明显的缺陷，包括：培养时间较长，不适合土壤微生物生物量的快速测定；不适用于强酸性土壤、含较多易分解新鲜有机质的土壤及淹水土壤中微生物生物量的测定。

8.3.2　液态氯仿熏蒸-水浴法

自 Vance 等（1987）提出氯仿熏蒸提取法测定土壤微生物生物量碳以来，该方法已被广泛应用，并被公认为测定土壤微生物生物量碳的标准方法之一。然而，该方法适用的范围一般是土壤含水量在田间持水量的 40%～80%。对于淹水条件下的土壤，由于淹水层或土壤水呈饱和状态，使氯仿熏蒸法在淹水土壤上的直接应用受到了限制。鉴于此，Inubushi 等（1991）提出在淹水土样中直接加液氯（真空抽气）熏蒸-K_2SO_4提取-重铬酸钾氧化滴定法。然后 Witt 等（2000）又提出了直接加液氯（不真空抽气）熏蒸-K_2SO_4提取-重铬酸钾氧化滴定法。他们的实验结果显示，这两种方法测定淹水土壤微生物量都能获得较满意的结果，表明直接加液氯熏蒸法适用于淹水土壤。但他们的研究并没有对直接加液氯的适用量、残余液氯的排除以及熏蒸效率做相应的研究。在最后的碳含量测定中，他们又选用重铬酸钾氧化法，不能用快速、简捷的 TOC 法测定。陈果等（2006）针对上述问题，对氯仿熏蒸提取法进行了完善，建立了测定淹水土壤微生物生物量碳的液态氯仿熏蒸-水浴法。

1. 仪器设备与试剂

1）仪器设备

土壤抽样器、培养箱、往复式振荡机、冰柜、玻璃试管、离心管、干燥器、水浴锅、通风柜、烘箱、涡旋振荡器、碳（TOC）分析仪等。

2）试剂

无乙醇氯仿（$CHCl_3$）、硫酸钾溶液（K_2SO_4）（0.5mol/L）。

2. 操作步骤

1）熏蒸

用吸管弃去淹水土壤的淹水层（保留微薄水层），被去除淹水层的土样混匀后用土壤抽样器取约相当于 10.0g 烘干土重的新鲜土壤 3 份，放入 100mL 的离心管中，记录新鲜土重。然后加入 0.4～0.6mL 无乙醇氯仿，拧紧盖子，用涡旋振荡器混匀。混匀后把离心管放入干燥器中，在 25℃的黑暗条件下放置 24h。在熏蒸处理的同时，取 3 份土样用于土壤含水量的测定，并设未熏蒸对照土样 3 份。

2）提取

在上述离心管中，加入 45mL 0.5mol/L 的硫酸钾溶液，在振荡机上振荡浸提 30min，过滤（过滤前可低速离心）得到提取液。然后把熏蒸土样提取液转入薄壁玻璃试管中，未熏蒸土样提取液则转入带盖的容器中。

3）水浴排氯仿

对含提取液的玻璃试管称重后，把它们放入 100℃水浴中。待水沸腾时开始计时，45～60min 后，取出试管，冷却后称重，补足损失的水分。混匀后转入带盖的容器中。

4）测定

用可溶性总碳（TOC）自动分析仪法测定 K_2SO_4 提取液中的可溶性总碳。

3. 结果计算

根据熏蒸后提取液中可溶性有机碳增量（E_C）计算出土壤微生物生物量碳（C_{mic}）：

$$C_{mic}=E_C/K_{EC}。$$

式中，K_{EC} 为 0.45。

8.3.3　总磷脂脂肪酸法

从土壤中提取出的脂类，其极性脂部分与磷酸盐含量相关。用过硫酸钾消煮脂类提取物使其释放出磷酸盐。磷酸盐和钼酸铵形成蓝色聚合物，通过分光光度计测定，可计算出总磷脂脂肪酸。实验中加入孔雀绿可以降低磷酸盐的检测限。

1. 仪器设备与试剂

1）仪器设备

离心试管（抗氯仿，60mL）、分液漏斗、涡旋振荡器、往复振荡器、分光光度计、离心机、加热器（恒温 100℃）。

2）试剂

（1）0.15mol/L 的柠檬酸缓冲液：3.15g 柠檬酸溶于 100mL 蒸馏水中，调节 pH 到 4.0，用蒸馏水定容到 100mL。

（2）Bligh-Dyer 土壤提取液：氯仿∶甲醇∶柠檬酸缓冲液=1∶2∶0.8（体积比）（保存时间为 1 周）。

（3）过硫酸钾饱和溶液：移取 1mL 浓硫酸，缓慢放进大约有 80mL 去离子水的锥形瓶中，加入 5g 过硫酸钾，溶解后，用去离子水定容到 100mL。由于溶液见光不稳定，所以必须避光保存在冰箱中。

（4）2.5%的钼酸氨溶液：2.5g 钼酸氨溶于 100mL 2.86mol/L H_2SO_4 溶液中。

（5）孔雀绿溶液：0.111g 聚乙烯醇溶于 100mL 80℃去离子水中，冷却到室温，调到 100mL，然后加 0.011g 孔雀绿。

（6）标准溶液的配制及标定：100mmol/mL 磷酸盐储备液的配制为 2.16g 磷酸甘油

($C_3H_7O_6PNa_2$)溶于 100mL 过硫酸钾饱和溶液中，用储备液配制 0mmol/mL、2mmol/mL、4mmol/mL、6mmol/mL、8mmol/mL、10mmol/mL 磷脂浓度的标准溶液。根据吸光值绘出磷酸甘油的浓度曲线，计算以下线性回归方程：

$$y=mx+b$$

式中，m 为斜率；b 为截距。

（7）高纯氮气。

（8）氯仿（HPLC）。

（9）甲醇（HPLC）。

（10）聚乙烯醇。

2. 操作步骤

（1）称 3g 新鲜土壤样品（或 1g 冷冻干燥土样）于含特氟龙衬垫的离心试管中，加入 18.3mL Bligh-Dyer 土壤提取液，室温下 90r/min 振荡培养 2h 后，2500r/min 离心 10min，提取上清液。

（2）加 5mL Bligh-Dyer 土壤提取液到原试管中，室温下 2500r/min 离心 10min，提取上清液，并与上述步骤的上清液合并到 125mL 的分液漏斗中，加 6.2mL 氯仿、6.2mL 柠檬酸缓冲液，过夜分离。

（3）将 1～2mL 的脂溶相（下层）转移到新试管，通过干燥去掉有机溶剂，在–20℃下储存脂类物质。

（4）加 2mL 饱和的过硫酸钾到脂类提取物中，同时消化 2mL 磷脂标准溶液。

（5）在 95℃下的密封试管中培养 48h 后，检查液体体积，加饱和过硫酸钾使溶液体积为 2mL。

（6）冷却前，加 0.4mL 钼酸铵溶液到已消化过的脂类提取物中，室温下静置 10min。

（7）加 1.8mL 孔雀绿溶液，室温放置 30min，在 610nm 下测出吸光值。

3. 结果计算

根据标准曲线来计算样品中磷脂脂肪酸的含量，磷脂浓度 C(干土)的单位为 nmol/g:

$$A=\frac{A_{610}-b(\text{截距})}{m(\text{斜率})}\times \text{溶解脂类的过硫酸钾溶液体积}$$

$$B=\frac{A}{\text{消化时所用的氯仿体积}}\times \text{提取时所消耗的氯仿总体积}$$

$$C=B/\text{DW}$$

式中，A 为测定液中的磷脂摩尔数（nmol）；B 为土壤中氯仿提取的磷脂摩尔数（nmol）；DW 为土样的干重（g），DW=新鲜土壤质量/（1+土壤质量含水量）。

4. 注意事项

（1）聚乙烯醇的质量和浓度是实验的关键。

（2）所有玻璃器具类都用浓硫酸清洗，再用去离子水洗涤，最后用蒸馏水洗。为保险起见，在使用前用氯仿清洗一次。

（3）与蒸馏水空白实验相比较，无磷酸甘油空白样品的吸光值不能超过 1.00，并且应在计算样品吸光值时减去该吸光值。

8.4　土壤微生物的形态学检查

鉴定微生物种类的手段很多，主要包括形态学检查、生理生化反应、生态特征（如生长温度，与氧、pH、渗透压的关系，宿主种类等）、免疫血清鉴别、对噬菌体的敏感性、分子生物学检测及商品化鉴定等。

微生物形态学检查是其分类与鉴定的基础，根据微生物形态、结构和染色特性可对微生物进行初步识别和分类，并可为进一步鉴定提供参考依据。细菌形态学检查可分为不染色标本的检查和染色标本的检查。

8.4.1　不染色标本的检查

不染色标本的检查是指微生物不经染色直接在显微镜下观察，主要用于检查生活状态下细菌的动力、运动状况、生长状况及形态等。常用的方法有压滴法、悬滴法、毛细管法、压片法及固体培养基直接观察法。

1. 压滴法

用接种环取一滴菌悬液，置于洁净载玻片中央，取一盖玻片，使其一边接触液体边缘，然后轻放于菌液上。注意尽量避免产生气泡和液体外溢。静止数秒钟后在普通光学显微镜的高倍镜下用暗视野观察。

2. 悬滴法

先在洁净凹玻片的凹孔四周平面上涂少量凡士林，再用接种环取一滴菌悬液于一盖玻片中央，再将凹玻片凹孔对准液滴盖上并迅速翻转，再轻压盖玻片，使盖玻片与凹玻片边缘黏紧封闭，最后在普通光学显微镜高倍镜下用暗视野观察。

3. 毛细管法

毛细管法主要用于检查厌氧菌的动力。用长 60～70mm、孔径 0.5～1.0mm 的毛细管轻触培养有厌氧菌的液体培养基，液体进入毛细管后将毛细管两端用火焰封闭，再用胶纸将其固定在载玻片上镜检。

4. 压片法

压片法主要用于真菌的鉴定。用无菌方法在固体培养基上用刀片取一小块待检菌落及供菌落生长的培养基，尽量把培养基切得薄，放在载玻片中央，用盖玻片轻压，尽量使固体培养基压扁又避免产生气泡及防止盖玻片碎裂。在普通光学显微镜高倍镜下用暗视野观察。

5. 固体培养基直接观察法

该方法主要用于L形细菌及真菌培养的菌落生长状况的观察。把待检菌、下面的固体培养基及培养容器一起放在普通光学显微镜低倍及高倍镜下观察。

检查微生物动力时需区分真正的动力和分子运动。另外，需注意做好片子后应尽快观察。检查真菌及螺旋体时，可根据真菌的孢子、菌丝及螺旋体的形态特征加以判断。L形菌在镜下可看到油煎蛋样菌落。真菌培养可根据其有无假菌丝形成而判定是否为假丝酵母菌属。

8.4.2　染色标本的检查

细菌个体微小，对光线的吸收和反射与水溶液差别不大，直接在显微镜下观察，不易看清它们的真实面目。对菌体进行染色，可以增加反差，显现细菌的一般结构和特殊结构。细菌经染色后，除能看清其形态、大小、排列方式外，还可根据染色特性对细菌进行分类。染色技术是微生物形态学研究的重要手段，常用的染色方法有革兰氏染色、抗酸染色等。染色的一般程序为涂片、固定、染色、显微镜下观察。

1. 革兰氏染色法

革兰氏染色法是微生物学中最常用、最经典的鉴别染色法之一。

1）试剂准备

（1）结晶紫溶液：称取2g结晶紫溶于20mL 95%乙醇中，然后将该液与80mL 10g/L草酸铵液混合后过滤即成。

（2）卢戈碘液（革兰氏碘液）：称取2g碘化钾于10mL蒸馏水中，再加1g碘使其溶解，加蒸馏水至300mL即成。

（3）脱色液：95%乙醇。

（4）复染液：①沙黄液，2.5%沙黄乙醇溶液10mL加90mL蒸馏水；②稀释石炭酸复红液，取碱性复红乙醇饱和溶液10mL与5%石炭酸溶液90mL混合制成石炭酸复红液，再将其用蒸馏水稀释10倍即成。

2）染色操作步骤

先用结晶紫染1min；小水冲洗后加碘液1min；小水冲洗后用95%乙醇脱色约30s或至无紫色洗脱液流下为止；小水冲洗后用复染液（沙黄液或稀释复红）1～2min，干后镜检。革兰氏阳性菌为紫色，革兰氏阴性菌为红色。通过革兰氏染色可将细菌分为革兰氏阳性菌和革兰氏阴性菌两大类，因而可初步识别细菌，缩小范围，有助于进一步鉴别细菌。

2. 抗酸染色法

1）试剂准备

（1）5%石炭酸复红溶液：取碱性复红乙醇饱和溶液10mL与5%石炭酸溶液90mL

混合即成。

（2）3%盐酸乙醇：95%乙醇 97mL 加浓盐酸 3mL。

（3）吕氏美蓝溶液：美蓝乙醇混合液（0.3g 美蓝溶于 30mL 95%乙醇）与 0.01%氢氧化钾溶液 100mL 混合即成。

2）染色操作步骤

5%石炭酸复红溶液加温染色 5min 或更久（如果不加温需延长时间）；小水冲洗后用 3%盐酸乙醇脱色 2min 或至无红色洗脱液流下为止；小水冲洗后用美蓝溶液复染 1min，水洗干后镜检，其中红色细菌为抗酸染色阳性。

3. 其他染色法

常用的其他染色方法有荧光染色法、细胞壁染色法、荚膜染色法、芽孢染色法、鞭毛染色法、异染颗粒染色法、负染色法等。现市场上有多种商品化染色液出售，染色方法参考其附带说明书。

1）鞭毛染色法（改良 Ryu 法）

将新载玻片浸泡在 95%乙醇中，临用时取出，以干净纱布擦干；在玻片上滴蒸馏水 1 滴；挑取菌落少许，轻触蒸馏水滴顶部，仅允许极少量细菌进入蒸馏水，不可搅动；置于 35℃孵育干燥（不能用火焰固定）；滴加鞭毛染液 1～2min，轻轻水洗；玻片自然干燥后镜检，鞭毛和菌体呈紫色。

2）荚膜染色法

奥尔特荚膜染色法：在已固定的细菌涂片上滴加 3%沙黄染液，用火焰加温 3min，冷却后水洗，待干镜检，菌体呈褐色，荚膜呈黄色。

Hiss 硫酸铜法：第一液为结晶紫乙醇饱和液 5mL 加蒸馏水 95mL 的混合液；第二液为 200g/L 硫酸铜溶液。细菌涂片自然干燥后，用乙醇固定，滴加第一液，微加热 1min。再用第二液将涂片上的第一液洗净，勿再用水洗，倾去硫酸铜，用吸水纸吸干后镜检。菌体及背景呈紫色，荚膜呈鲜蓝色或不着色。

8.5　土壤微生物 16S rDNA 的 PCR-DGGE 分析

8.5.1　土壤微生物 16S rDNA 的 PCR-DGGE 分析的基本流程

由于微生物体内 16S 核糖体 RNA 的基因编码区含有一定的保守序列和非保守序列，保守序列可应用于 PCR（聚合酶链反应）引物的设计，非保守序列则可应用于不同种类微生物间的比较鉴定。实验首先提取土壤样品的 DNA，用根据实验目的设计的引物进行 PCR 扩增，PCR 产物用 DGGE 等方法分析，借此评估土壤微生物遗传物质的多样性。

1. 仪器设备与试剂

1）仪器设备

PCR 仪、电泳仪、凝胶成像系统、DNA 检测仪、高速冷冻离心机、台式离心机、恒温水浴锅、恒温摇床、移液枪及吸头、离心管等。

2）试剂

（1）总 DNA 提取：提取缓冲液[配比为 0.1mol/L 磷酸盐（pH=8.0），0.1 mol/L EDTA，0.1mol/L Tris（pH=8.0），1.5mol/L NaCl，1.0% CTAB（十六烷基三甲基溴化胺）]，蛋白酶 K，20% SDS（十二烷基磺酸钠），三氯甲烷，异丙醇，双蒸水。

（2）DNA 纯化：0.8%琼脂糖，EB，DNA 回收试剂盒（购买成品），6×上样缓冲液（0.25%溴酚蓝，40%蔗糖水溶液），DNA 分子质量标准（购买成品），0.5×TAE 缓冲液。

（3）PCR 反应：正向引物和反向引物（25pmol/μL），10×PCR 缓冲液（含 25mmol/L Mg^{2+}），Taq DNA 聚合酶，dNTP（2.5mmol/L），DNA 分子质量标准（购买成品），1.0%琼脂糖。

（4）DGGE：去离子甲酰胺，尿素，丙烯酰胺，甲叉双丙烯酰胺，过硫酸铵，TEMED，上样缓冲液（0.08%溴酚蓝，0.08%二甲苯青，30%甘油），1×TAE 缓冲液，10%无水乙酸，1%硝酸，0.2%硝酸银和 0.10%～0.15%甲醛的混合液，2.5%无水碳酸钠和 0.10%～0.15%甲醛的混合液，0.5mol/L EDTA-2Na。

（5）凝胶回收：洗脱缓冲液[0.5mol/L 乙酸铵，10mmol/L 乙酸镁，1mmol/L EDTA（pH=8.0），0.1%SDS]，乙醇，TE 缓冲液（pH=8.0），饱和酚，三氯甲烷/异戊醇（体积比 24∶1），3mol/L 乙酸钠（pH=5.2）。

2. 操作步骤

1）土壤样品总 DNA 的提取

（1）将 13.5mL 提取缓冲液和 50μL 蛋白酶 K（10mg/mL）与 5g 新鲜土样（或冷冻干燥样品）置于 50mL 的离心管中，放入 37℃恒温室内的摇床上，以 225r/min 摇 30min。

（2）加入 1.5mL 20% SDS，轻轻混匀。放入 65℃水浴加热 2h，每隔 15～30min 轻轻摇动 1 次，摇匀泥浆。

（3）用 2000～3000r/min 离心 5～10min，将上清液转入新的 50mL 离心管中。

（4）取 4.5mL 提取缓冲液加入原离心管，摇匀泥浆，加入 0.5mL 20% SDS。放回水浴 15min，用上述同样的速度离心 5～10min，将上清液转出并与原上清液合并。再重复此步骤 1 次。

（5）将与上清液等量的三氯甲烷于离心管中混匀，用 3300～3600r/min 的速度离心 20min，然后收集上清液，在上清液中加入 0.6～1.0 倍体积的异丙醇，静置于室温下 1h 或过夜。

（6）用 9000r/min 的速度在 25℃下离心 20min，倒出上清液，加入 200～500μL 去离子水，溶解黏附于离心管壁的 DNA 及其杂质，并收集于 1.5mL 的微型离心管中，即为 DNA 的粗提液。

2）DNA 纯化

（1）将 DNA 粗提液用 0.8%琼脂糖凝胶电泳（制胶时使用大孔梳），将目的 DNA 片段与其他 DNA 尽可能分开，然后将胶置于紫外灯下，用干净的刀片割下含有目的 DNA 的琼脂块，放入 1.5mL 离心管内。

（2）用 DNA 回收试剂盒，按照纯化试剂盒说明书完成对 DNA 的纯化。

3）PCR 反应

用于 PCR 反应的常用引物有多种，如分析细菌群落的 F338GC 和 R518、F968GC 和 R1401 等；还有分析某一类细菌群落的引物，如分析自养氨氧化菌的 CTO189f 和 CTO654r 引物等。现以 F338GC 和 R518 为例，介绍该方法。垂向引物（F338GC）：5′-CGC CCG CCG CGC GCG GCG GGC GGG GCG GGG GCA CGG GAC TCCTAC GGG AGG CAG CAG-3′；反向引物（R518）：5′-ATT ACC GCG GCT GCTGG-3′。扩增反应化体系（50μL）：10×PcR 缓冲液 5μL（含 25mmol/L Mg^{2+}），dNTP（2.5mmol/L）1.5μL，引物（25pmol/μL）各 1.5μL，模板 1μL，Taq DNA 聚合酶（5U/μL）0.5μL，双蒸水 39μL。反应参数：94℃预变性 5min，94℃变性 1min，50℃退火 1min，72℃延伸 40s，35 个循环后，72℃延伸 10min。PCR 反应的产物用 1.0%琼脂糖凝胶电泳检测。

4）变性梯度凝胶电泳（DGGE）分析

采用 Bio-Rad 公司 DCode™ 的基因突变检测系统（DCode universal detection system instrument）对 PCR 反应产物进行分离。其步骤简述如下：使用梯度胶制备装置，制备变性剂浓度为 35%～60%的 10%的聚丙烯酰胺凝胶，其变性剂的浓度从胶上方向下方依次递增。待胶完全凝固后，将胶板移至已加热至 60℃的缓冲液电泳槽内，每个加样孔中加入含有 10%上样缓冲液的 PCR 产物 20～25μL。在 150V 电压下，60℃电泳 6.5h。

5）染色（可用 SYBER 和银染等进行染色，现以改进的硝酸银染色法为例）

（1）用固定液（10%无水乙酸）固定胶片 20min 后，用 1%硝酸浸泡 10min。

（2）再用去离子水浸洗胶片 3 次，以洗去胶片表面的硝酸。将洗后的胶片浸泡在染色液（含 0.2%硝酸银和 0.10%～0.15%甲醛的混合液）中 20min。

（3）然后取出胶片，在去离子水中浸洗 10s，立即浸泡在显影液（含 2.5%无水碳酸钠和 0.10%～0.15%甲醛的混合液）中，缓慢地摇晃直至条带完全显现。

（4）将胶片置于终止液（0.5mol/L EDTA-2Na）中浸泡 10min，再用去离子水浸洗胶片 3 次。

（5）染色后的胶片用凝胶成像系统观察样品的电泳条带并拍照。可借助凝胶分析软件进行统计分析。

6）凝胶回收和 DNA 测序

（1）用洁净的刀片将含有目的 DNA 片段的凝胶切下，将胶条放入 1.5mL 的微型离心管（Eppendorf 管），用小玻棒捣碎凝胶，向离心管中加入 1～2 倍体积的洗脱缓冲液。

（2）盖紧管盖，在 37℃下轻摇，根据片段大小洗脱 4～16h。然后在 4℃下 12000r/min 离心 1min，用拉长的吸管将上清液转移至另一个新的离心管中，转移时要避免夹带聚丙烯酰胺凝胶碎片。

（3）再用 0.5 倍体积的洗脱缓冲液洗脱一次，合并上清液。

（4）将上清液通过一个装有硅烷化玻璃棉的一次性吸头，除去残余的聚丙烯酰胺凝胶碎片。然后加 2.5 倍体积的乙醇，在–20℃下放置 30min 后，12000r/min 离心 10min，回收沉淀的 DNA。

（5）用 200μL TE 缓冲液溶解 DNA，再用等体积酚和三氯甲烷/异戊醇各抽提一次，转移水相置于另一个 Eppendorf 管中。

（6）加 1/10 体积的 3mol/L 乙酸钠和 2.5 倍体积的乙醇再次沉淀 DNA。在–20℃下放置 30min 后，12000r/min 离心 15min，弃去上清液，用 70%乙醇清洗沉淀，真空干燥后，将 DNA 溶解于 10～20μL TE 缓冲液中。

（7）将回收得到的 DNA 送往相关测序单位进行测序。

8.5.2　土壤样品总 DNA 提取的常用方法

微生物的多样性对其所在的生态系统所发生的生化反应具有重要的影响，微生物的组成与活性能够反映生态系统的功能状况。传统的培养方法虽然可以检测环境中的活细胞，并且对微生物生态学的发展起了很重要的作用，但是很多研究表明环境样品中的大部分的细菌是不能被分离和培养的，在自然环境样品中可培养的微生物在环境中的总微生物中所占的比例范围从 0.001%（海水）到 0.3%（土壤）。所以，传统的培养方法不能全面地反映微生物区系组成状况。直接对环境样品中分离的微生物总 DNA 进行分析的方法在一定程度上克服了传统方法的弊端，避开了纯培养的步骤，减少了处理时间，而且能对很多难培养的微生物进行分析。环境样品总 DNA 的提取是微生物分子生态学研究中最重要的实验技术之一，高质量 DNA 的提取是进行后续实验的基础。由于环境样品种类繁多、组成复杂、物理化学性质多变，而且纯培养的细胞（inoculated bacteria）通常比环境中的原有的细胞（autochthonous bacteria）更容易裂解，使得传统的对纯培养微生物提取 DNA 的方法很难直接应用到环境样品的研究中。随着微生物分子生态学的发展，各种提取环境样品 DNA 的方法陆续建立起来，但是对多种环境样品而言，没有一种方法能适用于所有的环境样品，每一种样品根据其特有的理化和生物学特性，都需要优化出一种特有的提取 DNA 的方法。

1. SDS 高盐法

（1）准确称取 3g 土壤，放入研钵中，倒入适量的液氮，立即研磨，使土壤颗粒研成粉末，然后转移到离心管中。

（2）加入 6mL 提取缓冲液（pH=8.0，含有 0.1mol/L Na_3PO_4、0.1mol/L EDTA、0.1mol/L Tris-HCl、1.5mol/L NaCl 和 1.0% CTAB）、20μL 蛋白酶 K（20mg/mL）和 500μL 溶菌酶（pH=8.0，含有 1.5mol/L NaCl、0.1mol/L EDTA、15mg/mL 溶菌酶），37℃水浴 2h。

（3）加入 1mL 20% SDS，轻轻混匀，65℃水浴过夜。

（4）加入上述反应体系总体积的 1/3 体积的饱和 NaCl，剧烈振荡后，12000r/min 离心 10min。将上清液转入新的离心管中；取 4.5mL 提取缓冲液加入原离心管，摇匀泥浆，加入 0.5mL 20% SDS，65℃水浴 15min，用上述同样的离心速度离心 10min，将上清液与原上清液合并。再重复此步骤 1 次。

（5）将与上清液等体积的三氯甲烷于离心管中混匀，5000r/min 离心 20min；收集上清液，并加入 0.6 倍体积的异丙醇，室温静置 1h；25℃下 12000r/min 离心 10min，倒出上清液，收集 DNA 沉淀，用 1mL 70%乙醇清洗，200μL TE 溶解，并收集于 1.5mL 的微型离心管中。

2. 玻璃珠破碎法

（1）准确称取 0.5g 土壤样品，加入到 10mL 离心管中，加入 1g 酸洗玻璃珠（0.5～1mm）。

（2）加入 3mL 提取缓冲液（pH=8.0，含有 0.1mol/L EDTA、0.1mol/L Tris、1.5mol/L NaCl、1.0% PVP 和 2.0% SDS），涡旋混匀后，以 250r/min 振荡 2h。

（3）4℃下 13500r/min 离心 10min。取上清液，加入等体积的苯酚：氯仿：异戊醇（25：24：1）和氯仿：异戊醇（24：1）各抽提 1 次。

（4）水相中加入 1/10 体积的 5mol/L 乙酸钠和等体积预冷的异丙醇，4℃沉淀 DNA 1h，13500r/min 离心 10min，收集 DNA 沉淀。用 1mL 70%乙醇清洗，100μL TE 溶解，并收集于 1.5mL 的微型离心管中。

3. 冻融法

（1）取 1g 土样，加入 5mL TENP 缓冲液（pH=10.0，含有 20mmol/L EDTA、50mmol/L Tris、100mmol/L NaCl、0.01g/mL PVP）悬浮土样，–70℃、65℃反复冻融 3 次。

（2）10000r/min 离心 10min，取上清液。将土样沉淀重悬于 1.5mL 溶菌酶溶液（pH=8.0，含有 0.15mol/L NaCl、0.1mol/L EDTA、15mg/mL 溶菌酶）中，37℃水浴 2h 后，加入 1.5mL 10% SDS（pH=8.0，含有 0.1mol/L NaCl、0.5mol/L Tris），反复颠倒混匀 10min。10000r/min 离心 10min，取上清液。

（3）合并 2 次上清液，用等体积的苯酚：氯仿：异戊醇（25：24：1）和氯仿：异戊醇（24：1）各抽提 1 次。

（4）水相中加入 40μL 的 3mol/L 乙酸铵和 3mL 无水乙醇，–20℃沉淀 DNA 1h，12000r/min 离心 10min，收集 DNA 沉淀。用 1mL 70%乙醇清洗，100μL TE 溶解，并收集于 1.5mL 的微型离心管中。

主要参考文献

鲍士旦. 1996. 土壤农化分析. 2 版. 北京：中国农业出版社.
鲍士旦. 2000. 土壤农化分析. 3 版. 北京：中国农业出版社.
蔡玉婷. 2016. 土壤生物修复技术综述. 科技经济导刊, 15: 138.
曹钰，宋晓曦. 2018. 土壤重金属检测方法研究. 化工管理, 11: 98.
常学秀，施晓东. 2001. 土壤重金属污染与食品安全. 云南环境科学, 20: 21-24, 77.
常影，宁大同，郝芳华. 2003. 20 世纪末期我国农地退化的经济损失估值. 中国人口·资源与环境, 13(3): 20-24.
陈果，刘岳燕，姚槐应，等. 2006. 一种测定淹水土壤中微生物生物量碳的方法：液氯熏蒸浸提——水浴法. 土壤学报, 43(6): 981-988.
陈鹏. 1983. 土壤动物的采集和调查方法. 生态学杂志, (3): 46-51.
陈思，安莲英. 2013. 土壤放射性污染主要来源及修复方法研究进展. 广东农业科学, 40(1): 174-177.
陈苏，孙铁珩，孙丽娜，等. 2007. Cd^{2+}、Pb^{2+}在根际和非根际土壤中的吸附-解吸行为. 环境科学, 28(4): 843-851.
串丽敏，赵同科，郑怀国，等. 2014. 土壤重金属污染修复技术研究进展. 环境科学与技术, (s2): 213-222.
崔振东. 1985. 土壤动物采集方法的介绍. 动物学杂志, 20(3): 42-44.
党永富. 2015. 土壤污染与生态治理——农业安全工程系统建设. 北京：中国水利水电出版社.
方晶. 2016. 土壤污染损害赔偿的请求权基础. 武汉：华中科技大学.
冯超，陈德鑫，王凤龙，等. 2016. 植物根系分泌物发生及收集装置及其收集方法. 中华人民共和国国家知识产权局[2016-09-28].
付荣恕，刘林德. 2004. 生态学实验教程. 北京：科学出版社.
高奇，师学义，李牧，等. 2014. 复垦村庄土壤重金属污染损失评价. 水土保持学报, 28(2): 204-209.
高晓宁. 2013. 土壤重金属污染现状及修复技术研究进展. 现代农业科技, (9): 229-231.
顾柏平. 2016. 物理学教程. 3 版. 南京：东南大学出版社.
关松荫，等. 1986. 土壤酶及其研究法. 北京：农业出版社.
韩素清，迟翔. 2007. 土壤污染的类型及影响和危害. 化工之友, 5: 32, 34.
胡秀仁，卢晓清，李国鼎，等. 1990. 养殖蚯蚓处理城市生活垃圾的重金属元素迁移规律研究. 上海环境科学, 9(7): 20-23.
华孟，王坚. 1993. 土壤物理学. 北京：北京农业大学出版社.
环境保护部科技标准司，中国环境科学学会. 2014. 土壤污染防治知识问答. 北京：中国环境出版社.
黄春丽. 2014. 重金属对食品的污染及其危害. 职业与健康, 30(15): 2195-2197.
蒋云峰. 2013. 长白山针阔混交林主要凋落物分解及土壤动物的作用. 长春：东北师范大学.
焦文涛，吕永龙，王铁宇，等. 2009. 化工区土壤中多环芳烃的污染特征及其来源分析. 环境科学, 30(4): 1166-1172.
金铭. 2011. 水稻镉污染胁迫高光谱分析模型研究. 北京：中国地质大学.
李斌，赵春江. 2016. 基于太赫兹光谱的土壤重金属铅含量检测初步研究. 农业机械学报, 47(z1): 291-296 .
李冬香，陈清西. 2013. 锌在再力花体内的富集性及亚细胞分布和化学形态研究. 中国生态农业学报, 21(9): 1114-1118.

李合生. 2000. 植物生理生化实验原理和技术. 北京: 高等教育出版社.
李娇, 吴劲, 蒋进元, 等. 2018. 近十年土壤污染物源解析研究综述. 土壤通报, 49(1): 232-242.
李汎, 段增强. 2013. 植物根系分泌物的研究方法. 基因组学与应用生物学, 4: 540-547.
李颖. 2013. 我国土壤重金属污染防治法律研究. 西安: 西安建筑科技大学.
李影, 褚磊. 2008. 节节草(*Hippochaete ramosissimum*)对 Cu 的吸收和积累. 生态学报, 28(4): 1565-1572.
梁海燕, 张谦元. 2012. 我国土壤污染与食品安全问题探讨. 山东省农业管理干部学院学报, 29(5): 42-43, 52.
林琦, 陈怀满, 郑春荣, 等. 1998. 根际环境中隔的形态转化. 土壤学报, 35(4): 461-467
林玉锁, 李波, 张孝飞. 2004. 我国土壤环境安全面临的突出问题. 环境保护, 10: 39-42.
刘畅. 2017. 探究土壤污染的危害与来源及防治. 化工管理, (36): 144.
刘丹丹, 缪德仁, 刘菲. 2009. 不同提取方法对土壤中活性部分重金属提取能力的对比研究. 安徽农业科学, 37(35): 17613-17615, 17619.
刘军, 刘春生, 纪洋, 等. 2009. 土壤动物修复技术作用的机理及展望. 山东农业大学学报(自然科学版), 40(2): 313-316.
刘培桐, 薛纪渝, 王华东. 1995. 环境学概论. 2 版. 北京: 高等教育出版社.
刘青松. 2002. 土壤污染的类型及危害. 环境导报, 9: 5-6.
刘志全, 禹军, 徐顺清. 2005. 我国环境污染对健康危害的现状及其对策研究. 环境保护, 4: 31-34.
卢信, 罗佳, 高岩, 等. 2014. 土壤污染对农产品质量安全的影响及防治对策. 江苏农业科学, 42(07): 288-293.
吕新, 陈丽华, 李玥仁. 2012. 4 种不同土壤微生物 DNA 提取方法对 DGGE 分析微生物群落的影响. 福建农业学报, 27(4): 367-372.
马克平, 刘灿然, 刘玉明. 1995. 生物群落多样性的测度方法 IIβ 多样性的测度方法. 生物多样性, 3(1): 38-43.
毛小芳, 李辉信, 陈小云, 等. 2004. 土壤线虫三种分离方法效率比较. 生态学杂志, 23(3): 149-151.
牛翠娟, 娄安如, 孙儒泳, 等. 2007. 基础生态学. 2 版. 北京: 高等教育出版社.
乔胜英. 2012. 土壤理化性质实验指导书. 武汉: 中国地质大学出版社.
任秀娟, 杨文平, 程亚南. 2015. 植物富集效应与污染土壤植物修复技术. 北京: 中国农业科学技术出版社.
上海交通大学微生物分子生态学和生态基因组学实验室. 2004. 2004 年全国微生物分子生态学研究技术培训班实验讲义.
师忠东. 2007. 污染土壤分析样品的采集与制备. 山西能源与节能, 2: 46-48.
宋博. 2005. 开封市土壤动物及其对土壤污染的响应. 开封: 河南大学.
宋博. 2008. 松嫩平原羊草草甸凋落物分解中土壤动物群落特征及其作用研究. 长春: 东北师范大学.
宋伟, 陈百明, 刘琳. 2013. 中国耕地土壤重金属污染概况. 水土保持研究, 20(2): 293-298.
孙铁珩, 李培军, 周启星. 2005. 土壤污染形成机理与修复技术. 北京: 科学出版社.
孙园园, 李首成, 周春军, 等. 2007. 土壤呼吸强度的影响因素及其研究进展. 安徽农业科学, 35(6): 1738-1739, 1757.
土壤动物研究方法手册编写组. 1998. 土壤动物研究方法手册. 北京: 中国林业出版社: 22-35.
王秉莲, 李俊杰. 2010. 土壤污染现状分析及治理对策研究. 山西建筑, 36(20): 354-355.
王博, 夏敦胜, 余晔, 等. 2012. 兰州城市表层土壤重金属污染的环境磁学记录. 科学通报, 57(32): 3078-3089.
王建军. 2014. 浅议土壤污染的类型及特点. 科学大众(科学教育), 9: 173.
王静, 王鑫, 吴宇峰, 等. 2011. 农田土壤重金属污染及污染修复技术研究进展. 绿色科技, 3: 85-88.
王昆. 2017. 土壤污染修复技术初探. 地质灾害与环境保护, 28(4): 102-105.

王立辉, 严超宇, 王浩, 等. 2016. 土壤汞污染生物修复技术研究进展. 生物技术通报, 32(2): 51-58.
王友保. 2007. 几种草坪草对铜的耐性及其对铜污染土壤的修复研究. 芜湖: 安徽师范大学.
王友保. 2010. 生态学实验. 合肥: 安徽人民出版社.
王友保. 2015. 土壤污染与生态修复实验指导. 芜湖: 安徽师范大学出版社.
王友保, 燕傲蕾, 张旭情, 等. 2010. 吊兰生长对土壤镉形态分布与含量的影响. 水土保持学报, 24(6): 163-166.
温健婷, 张霞, 张兵, 等. 2010. 土壤铅含量高光谱遥感反演中波段选择方法研究. 地球科学进展, 25(6): 625-629.
吴丹, 王友保, 胡珊, 等. 2013. 吊兰生长对重金属镉、锌、铅复合污染土壤修复的影响. 土壤通报, 44(5): 1245-1252.
吴慧梅, 李非里, 牟华倩, 等. 2012. 两步连续提取法测定植物中重金属的形态. 环境科学与技术, 35(7): 133-137.
奚旦立, 孙裕生, 刘秀英. 2004. 环境监测. 3 版. 北京: 高等教育出版社.
夏建国, 何芳芳, 罗婉. 2014. 蒙山茶园土壤组分对铝的吸附解吸动力学特征的影响. 农业环境科学学报, 33(2): 358-366.
忻介六. 1986. 土壤动物知识. 北京: 科学出版社.
辛未冬. 2011. 松嫩沙地固定沙丘土壤动物群落特征及其在凋落物分解中的作用研究. 长春: 东北师范大学.
邢艳帅, 乔冬梅, 朱桂芬, 等. 2014. 土壤重金属污染及植物修复技术研究进展. 中国农学通报, 30(17): 208-214.
许嘉琳, 鲍子平, 杨居荣, 等. 1991. 农作物体内铅、镉、铜的化学形态研究. 应用生态学报, 2(3): 244-248.
徐夏. 2015. 凤丹根际土壤重金属形态分布及其影响因素研究. 芜湖: 安徽师范大学.
杨宝林. 2015. 农业生态与环境保护. 北京: 中国轻工业出版社.
杨居荣, 鲍子平, 张素芹. 1993. 镉、铅在植物细胞内的分布及其可溶性结合形态. 中国环境科学, 13 (4): 263-268.
杨娜. 2017. 农田土壤重金属污染现状及防治对策. 考试周刊, (63): 195-196.
姚槐应, 黄昌勇. 2006. 土壤微生物生态学及其实验技术. 北京: 科学出版社.
易秀, 杨胜科, 胡安焱. 2008. 土壤化学与环境. 北京: 化学工业出版社.
尹文英. 1998. 中国土壤动物检索图鉴. 北京: 科学出版社.
殷秀琴, 马祝阳. 2002. Tullgren 法对土壤动物的分离效率. 东北师大学报(自然科学版), 34(2): 84-91.
于方明, 汤叶涛, 周小勇, 等. 2010. 镉对圆锥南芥锌的吸收、亚细胞分布和化学形态影响. 中山大学学报(自然科学版), 49(4): 118-124.
岳秀娟. 2010. 浅析土壤污染的类型及危害. 河北农业, (10): 13-15.
翟雯航, 高勇伟, 田景环. 2008. 我国土壤污染概况及危害性. 河南科技, 5: 7.
张豆豆, 梁新华, 王俊. 2014. 植物根系分泌物研究综述. 中国农学通报, 30(35): 314-320.
张国辉. 2009. 镉的土壤微生物效应及发光细菌检测研究. 呼和浩特: 内蒙古大学.
章家恩. 2007. 生态学常用实验研究方法与技术. 北京: 化学工业出版社.
张凯. 2018. 典型煤化工厂区土壤中重金属污染时空分布及其风险评价. 北京: 中国矿业大学.
张磊, 宋凤斌, 王晓波. 2004. 中国城市土壤重金属污染研究现状及对策. 生态环境, 13(2): 258-260.
张龙翔, 张庭芳, 李令媛. 1997. 生化实验方法和技术. 2 版. 北京: 高等教育出版社.
张强, 刘彬, 刘巍, 等. 2014. 污染土壤的生物修复治理技术研究进展. 生物技术通报, 10: 56-63.
张新英. 2010. 土壤污染来源及生物修复技术. 农技服务, 27(10): 1288-1289.
张志良. 2001. 植物生理学实验指导. 北京: 高等教育出版社.

赵多勇. 2012. 工业区典型重金属来源及迁移途径研究. 北京: 中国农业科学院.
赵景联. 2006. 环境修复原理与技术. 北京: 化学工业出版社.
赵沁娜, 杨凯. 2008. 城市土地置换过程中土壤有机污染物健康影响度评价. 环境科学研究, 21(1): 124-127.
赵雪莲, 王黎黎. 2008. 浅论我国的土壤污染与防治. 内蒙古民族大学学报, 14(4): 110-111.
中国科学院南京土壤研究所. 1978. 土壤理化分析. 上海: 上海科学技术出版社.
中国科学院南京土壤研究所土壤物理研究室. 1978. 土壤物理性质测定法. 北京: 科学出版社.
中国土壤学会农业化学专业委员会. 1984. 土壤农业化学常规分析方法. 北京: 科学出版社.
中华人民共和国农业部. 2005. 土壤有效态锌、锰、铁、铜含量的测定 二乙三胺五乙酸(DTPA)浸提法: NY/T 890—2004.
周宝宣, 袁琦. 2015. 土壤重金属检测技术研究现状及发展趋势. 应用化工, 44(1): 131-138, 145.
周际海, 黄荣霞, 樊后保, 等. 2016. 污染土壤修复技术研究进展. 水土保持研究, 23(3): 366-372.
周礼恺. 1987. 土壤酶学. 北京: 科学出版社.
周守标, 徐礼生, 吴龙华, 等. 2008. 镉和锌在皖景天细胞内的分布及化学形态. 应用生态学报, 19(11): 2515-2520.
周小勇, 仇荣亮, 胡鹏杰, 等. 2008. 镉和铅对长柔毛委陵菜体内锌的亚细胞分布和化学形态的影响.环境科学, 29(7): 2028-2036.
周旋, 郑琳, 胡可欣. 2014. 污染土壤的来源及危害性. 武汉工程大学学报, 36(7): 12-19.
庄国泰. 2015. 我国土壤污染现状与防控策略. 中国科学院院刊, 30(z1): 46-52.
Ares A, Itouga M, Kato Y, et al. 2018. Differential metal tolerance and accumulation patterns of Cd, Cu, Pb and Zn in the liverwort *Marchantia polymorpha* L. Bulletin of Environmental Contamination & Toxicology, 100(3): 444-450.
Bai J, Yang X, Du R. 2014. Biosorption mechanisms involved in immobilization of soil Pb by Bacillus subtilis DBM in a multi-metal-contaminated soil. Journal of Environmental Sciences, 26(10): 2056-2064.
Baker A J M. 1981. Accumulators and excluders strategies in the response of plants to heavy metals . Journal of Plant Nutrition, 3(1-4): 643-645.
Bruce T J A, Matthes M C, Napier J A, et al. 2007. Stressful "memories" of plants: evidence and possible mechanisms. Plant Science, 173 (6): 603-608.
Chaplygin V, Minkina T, Mandzhieva S, et al. 2018. The effect of technogenic emissions on the heavy metals accumulation by herbaceous plants. Environmental Monitoring and Assessment, 190: 124. doi.org/10.1007/s 10661-018- 6489-6.
Cui S, Zhang T, Zhao S, et al. 2013. Evaluation of three ornamental plants for phytoremediation of Pb-contamined soil. International Journal of Phytoremediation, 15(4): 299-306.
Dedeke G A, Iwuchukwu P O, Aladesida A A, et al. 2018. Impact of heavy metal bioaccumulation on antioxidant activities and DNA profile in two earthworm species and freshwater prawn from Ogun River. Cellular Physiology & Biochemistry International Journal of Experimental Cellular Physiology Biochemistry & Pharmacology, 624(4): 576-585.
Esan A M, Olaiya C O. 2016. Effect of salicylic acid (SA) seeds soaking on the NaCl salt stress induced changes in soluble sugar and protein accumulation in organs of two genotypes of okra plants. African Journal of Plant Science, 10(6): 105-110.
Fang W C, Kao C H. 2000. Enhanced peroxidase activity in rice leaves in response to excess iron, copper and zinc. Plant Science, 158(1-2): 71-76.
Fu H, Yu H, Li T, et al. 2017. Influence of cadmium stress on root exudates of high cadmium accumulating rice line (*Oryza sativa* L.). Ecotoxicology & Environmental Safety, 150: 168-175.

García-Alix A, Jimenez-Espejo F J, Lozano J A, et al. 2013. Anthropogenic impact and lead pollution throughout the Holocene in Southern Iberia. Science of the Total Environment, 449: 451-460.

Gusta L V, Trischuk R, Weiser C J. 2005. Plant cold acclimation: the role of abscisic acid. Journal of Plant Growth Regulation, 24: 308-318.

Inubushi K, Brookes P C, Jenkinson D S. 1991. Soil microbial biomass C, N and ninhydrin-N in aerobic and anearobic soils measured by the fumigation extraction method. Soil Biology & Biochemistry, 23(8): 737-741.

Khan A, Khan S, Khan M A Z, et al. 2015. The uptake and bioaccumulation of heavy metals by food plants, their effects on plants nutrients, and associated health risk: a review. Environmental Science and Pollution Research, 22(18): 13772-13799.

Kong S F, Lu B, Ji Y Q, et al. 2011. Levels, risk assessment and sources of PM_{10} fraction heavy metals in four types dust from a coal-based city. Microchemical Journal, 98(2): 280-290.

Kong Z, Glick B R. 2017.The role of plant growth-promoting bacteria in metal phytoremediation. Advances in Microbial Physiology, 71: 97-132.

Krishna A K, Mohan K R. 2014. Risk assessment of heavy metals and their source distribution in waters of a contaminated industrial site. Environmental Science & Pollution Research, 21(5): 3653-3669.

Kumar M, Kumar V, Varma A, et al. 2016. An efficient approach towards the bioremediation of copper, cobalt and nickel contaminated field samples. Journal of Soils and Sediments, 16(8): 2118-2127.

Larkindale J, Vierling E. 2008. Core genome responses involved in acclimation to high temperature. Plant Physiology, 146 (2): 748-761

Li L, Sun J, Gao H, et al. 2017. Effects of polysaccharide-based edible coatings on quality and antioxidant enzyme system of strawberry during cold storage. International Journal of Polymer Science, 3: 1-8.

Li X, Ye F, Li L, et al. 2015. The role of HO-1 in protection against lead-induced neurotoxicity. Neuro Toxicology, 52(2): 1-11.

Liu H. 2016. Relationship between organic matter humification and bioavailability of sludge-borne copper and cadmium during long-term sludge amendment to soil. Science of the Total Environment, 566-567: 8-14.

Liu L Z, Gong Z Q, Zhang Y L, et al. 2014. Growth, cadmium uptake and accumulation of maize (*Zea mays* L.) under the effects of arbuscular mycorrhizal fungi. Ecotoxicology, 23(10): 1979-1986.

Liu S J, Xia X, Chen G M, et al. 2011. Study progress on functionsand affecting factors of soil enzymes. Chinese Agricultural Science Bulletin, 27(21): 1-7.

Ma X, Ding N, Peterson E C, et al. 2016. Heavy metals species affect fungal-bacterial synergism during the bioremediation of fluoranthene. Applied Microbiology and Biotechnology, 100(17): 7741-7750.

Meier S, Curaqueo G, Khan N, et al. 2015. Effects of biochar on copper immobilization and soil microbial communities in a metal-contaminated soil. Journal of Soils & Sediments: 1-14.

Monni S, Uhlig C, Hansen E, et al. 2001. Ecophysiological responses of *Empetrum nigrum*, to heavy metal pollution. Environmental Pollution, 112(2): 121-129.

Nicholson F A, Chambers B J, William J R, et al. 1999. Heavy metal contents of live stock feeds and animal in England and Wales. Bioresource Technology, 70(1): 23-31.

O'Dell R, Silk W, Green P, et al. 2007. Compost amendment of Cu-Zn minespoil reduces toxic bioavailable heavy metal concentrations and promotes establishment and biomass production of Bromus carinatus (Hook and Arn.). Environmental Pollution, 148(1): 115-124.

Pastorelli A A, Baldini M, Stacchini P, et al. 2012. Human exposure to lead, cadmium and mercury through fish and seafood product consumption in Italy: a pilot evaluation. Food Additives & Contaminants, 29(12): 1913-1921.

Paudel S R, Banjara S P, Choi O K, et al. 2017. Pretreatment of agricultural biomass for anaerobic digestion: current state and challenges. Bioresource Technology Part A, 245: 1194-1205.

Rajkumar M, Sandhya S, Prasad M N V, et al. 2012. Perspectives of plant-associated microbes in heavy metal phytoremediation. Biotechnology Advances, 30(6): 1562-1574.

Reshma A M, Sreenivasula R P. 2015. Recovery of lead-induced suppressed reproduction in male rats by testosterone. Andrologia, 47(5): 560-567.

Różyło K, Oleszczuk P, Jośkol, et al. 2015. An ecotoxicological evaluation of soil fertilized with biogas residues or mining waste. Environmental Science and Pollution Research, 22(10): 7833-7842.

Saleem M, Asghar H N, Zahir Z A, et al. 2018. Impact of lead tolerant plant growth promoting rhizobacteria on growth, physiology, antioxidant activities, yield and lead content in sunflower in lead contaminated soil. Chemosphere, 195: 606-614.

Shuman L M. 1998. Effect of organic waste amendments on cadmium and lead in soil fractions of two soils. Communications in Soil Science & Plant Analysis, 29(19-20): 2939-2952.

Slaughter A, Daniel X, Flors V, et al. 2012. Descendants of primed arabidopsis plants exhibit resistance to biotic stress. Plant Physiology, 158 (2): 835-843.

Sliveira M L, Alleoni L R F, O Connor G A, et al. 2006. Heavy metal sequential extraction methods: A modification for tropical soil. Chemosphere, 64(11): 1929-1938.

Sommaggio L, Mazzeo D, Pamplonasilva M T, et al. 2018. Evaluation of the potential agricultural use of biostimulated sewage sludge using mammalian cell culture assays. Chemosphere, 199: 10-15.

Song F M, Ge H G, Li C, et al. 2017. Heavy metals pollution in iron tailing soil and its effects on microbial communities metabolism and enzyme activities. Journal of Mines Metals & Fuels, 65(5): 319-327.

Taghipour H, Mosaferi M, Armanfar F, et al. 2013. Heavy metals pollution in the soils of suburban areas in big cities: a case study. International Journal of Environmental Science and Technology, 10(2): 243-250.

Taube F, Pommer L, Larsson T, et al. 2008. Soil remediation – mercury speciation in soil and vapor phase during thermal treatment. Water Air & Soil Pollution, 193(1-4): 155-163.

Tessier A, Campbell P G C, Bisson M. 1979. Sequential extraction procedure for the speciation of particulate trace metals. Canada: Analytical Chemistry, 51(7): 844-851.

Tsikas D. 2017. Assessment of lipid peroxidation by measuring malondialdehyde (MDA) and relatives in biological samples: Analytical and biological challenges. Analytical Biochemistry, 524: 13-30.

Vance E D, Brookes P C, Jenkinson D S. 1987. An extraction method for measuring soil microbial biomass-C. Soil Biology & Biochemistry, 19(6): 703-707.

Wafae A, Christophe S, Jean L M, et al. 2013. Effect of nickel-resistant rhizosphere bacteria on the uptake of nickel by the hyperaccumulator *Noccaea caerulescens* under controlled conditions. Journal of Soils and Sediments, 13(3): 501-507.

Wang Y B, Zhu C F, Yang H F, et al. 2017. Phosphate fertilizer affected rhizospheric soils: speciation of cadmium and phytoremediation by Chlorophytum comosum. Environmental Science & Pollution Research, 24(4): 3934-3939.

Wilkins D A. 1978. The measurement of tolerance to edaphic factors by means of root growth. New Phytologist, 80(3): 623-633.

Witt C, Gaunt J L, Galicia C C, et al. 2000. A rapid chloroform-fumigation extraction method for measuring soil microbial biomass carbon and nitrogen in flooded rice soils. Biology and Fertility of Soils, 30(5/6): 510-519.

Wu G, Kang H B, Zhang X Y, et al. 2010. A critical review on the bio-removal of hazardous heavy metals from contaminated soils: Issues, progress, eco-environmental concerns and opportunities. Journal of

Hazardous Materials, 174 (1-3): 1-8.

Wu Z, Liu S, Zhao J, et al. 2017. Comparative responses to silicon and selenium in relation to antioxidant enzyme system and the glutathione-ascorbate cycle in flowering Chinese cabbage (*Brassica campestris* L. ssp. chinensis, var. utilis) under cadmium stress. Environmental & Experimental Botany, 133: 1-11.

Xiao L, Guan D, Peart M R, et al. 2017. The respective effects of soil heavy metal fractions by sequential extraction procedure and soil properties on the accumulation of heavy metals in rice grains and brassicas. Environmental Science and Pollution Research, 24(3): 2558-2571.

Xu P, Sun C X, Ye X Z, et al. 2016. The effect of biochar and crop straws on heavy metal bioavailability and plant accumulation in a Cd and Pb polluted soil. Ecotoxicology & Environmental Safety, 132: 94-100.

Xu Y, Seshadri B, Sarkar B, et al. 2018. Biochar modulates heavy metal toxicity and improves microbial carbon use efficiency in soil. Science of the Total Environment, 621: 148-159.

Yeates G W, Newton P C D, Ross D J. 1999. Response of soil nematode fauna to naturally elevated CO_2 levels influenced by soil pattern . Nematology, 1(3): 285-293.

Yu Y, Wan Y, Camara A Y, et al. 2018. Effects of the addition and aging of humic acid-based amendments on the solubility of Cd in soil solution and its accumulation in rice. Chemosphere, 196: 303-310.

Zdzislaw C, Miroslaw W, Wladyslaw K, et al. 2001. Effect of organic matter and liming on the reduction of cadmium uptake from soil by triticale and spring oilseed rape. Science of the Total Environment, 281(1-3): 37-45.

Zhang G S, Liu D Y, Wu H F, et al. 2012. Heavy metal contamination in the marine organisms in yantai coast, northern yellow sea of china. Ecotoxicology, 21(6): 1726 -1733.